化学工业出版社“十四五”普通高等教育本科规划教材

力学实验

孟 晋 黄 杰 刘晓龙 主编

内容简介

《力学实验》包含五章及附录。第1章绪论，介绍了实验力学的概况、实验标准和实验方法、实验模型的相似理论和实验结果的误差分析等基础知识；第2章、第3章分别介绍了力学性能、电测法和光弹性实验设备及其工作原理；第4章介绍了一般要求必做的力学基础实验；第5章介绍了根据专业特点、学时、设备等条件不同选做的实验；附录为几种常用材料的主要力学性能参数表和实验力学常用标准规范简介。

《力学实验》可作为高校土木、机械、材料、水利以及航空等领域各专业工程力学（理论力学、材料力学等）实验课程教材，也可作为以上各专业独立设课的教材，还可供从事以上专业的工程技术人员参考。

图书在版编目（CIP）数据

力学实验/孟晋，黄杰，刘晓龙主编. —北京：化学工业出版社，2022.10

化学工业出版社“十四五”普通高等教育本科规划教材

ISBN 978-7-122-41665-0

Ⅰ.①力… Ⅱ.①孟… ②黄… ③刘… Ⅲ.①力学-实验-高等学校-教材 Ⅳ.①O3-33

中国版本图书馆CIP数据核字（2022）第100342号

责任编辑：满悦芝　　文字编辑：孙月蓉

责任校对：赵懿桐　　装帧设计：张　辉

出版发行：化学工业出版社（北京市东城区青年湖南街13号　邮政编码100011）

印　　装：北京天宇星印刷厂

787mm×1092mm　1/16　印张8¾　字数214千字　　2022年10月北京第1版第1次印刷

购书咨询：010-64518888　　售后服务：010-64518899

网　　址：http://www.cip.com.cn

凡购买本书，如有缺损质量问题，本社销售中心负责调换。

定　　价：29.80元

前言

力学实验是研究材料在外界因素作用下而发生的应力、应变及破坏的一门学科。通过实验验证力学理论在一定假设条件下所得的理论分析和计算结果的可靠性；通过实验可直接测量一些用理论分析难以获得的力学参数；通过实验为某些力学规律的探讨、学科发展提供实验依据，最终为解决工程技术领域中广泛存在的力学问题提供有效途径。实验是力学课程的重要组成部分，力学实验的应用十分广泛，它可以延伸到土木、机械、材料以及航空等各个工程领域，通过实验，使学生不仅可以巩固理论知识，还可以熟悉和训练实验技能，培养严肃认真的精神和良好的科学习惯，并逐渐具备独立解决工程实际问题的能力。

近年来，随着教育部“卓越工程师教育培养计划”（简称“卓越计划”）的实施和推进，旨在培养一大批创新能力强、适应社会发展的高质量工程技术人才的目标越来越明确。实验教学是理论教学的延伸和强化，良好的实验教学是培养学生动手能力、创新精神的重要手段，加强实验教学管理和改革，有利于加深和提高理论教学知识，也是提高学生创新应用能力的重要环节。培养实践能力强、有创新精神的应用型高级工程技术人才已经成为普通工科高校人才培养的目标，各个工科高校对实践课程特别是基础实验课“力学实验”愈发重视，不仅增加了课时，在教学内容、教学要求上也均有较大丰富和提高，因此，对通用性较强的适合普通高校相关专业师生使用的教材有很大需求。

编者根据新阶段普通高校工科专业培养目标的要求，在多年力学实验教学的基础上，组织编写了本教材，在教学体系、内容、适用性等几方面做了较深入细致的编写工作。教材从实验目的、原理、仪器设备、方法步骤、注意事项、结果整理等方面对所述力学实验进行了介绍，并提出了要求。

教材主要内容包括：力学实验概述、相似理论和数据处理；实验仪器设备介绍（机械性能测试设备、电测法设备以及光测法设备）；实验内容（基本实验和选做实验）等。全书内容既能满足普通院校学生力学实验教学的基本要求，又可以根据学生的专业和能力特点来选做部分实验，突出学生创新能力的培养。

本教材由孟晋、黄杰、刘晓龙共同编写。其中，孟晋编写了第 1、2 及第 3、4 章部分内容；黄杰编写了第 4、5 章部分内容；刘晓龙编写了第 3、5 章部分内容；全书由李勇统稿。由于编者水平有限，书中难免有疏漏之处，恳请广大师生批评指正。

编　者

2022 年 8 月

目 录

第1章 绪论

1.1 实验力学简介

实验是进行科学研究的重要方法，科学史上许多重大发明就是依靠科学实验而得到的，许多新理论的建立也要靠实验来验证。例如，早在17世纪著名的胡克定律就是通过实验而得到的关于作用力与材料性质基本规律的总结。材料力学理论首先就是对研究对象进行一系列的实验，然后根据实验中的有关现象，进行真实材料理想化、实际构件典型化、公式推导假设化的简化，从而得出相应的结论和定律。至于这些结论和定律是否正确以及能否在工程中进行应用，仍然需要通过实验验证才能确定。如在解决工程设计中的强度、刚度和稳定性等问题时，首先要知道材料的力学性能和表达力学性能的材料常数，这些常数只有靠材料试验才能测定。

在常温静载下，各种金属材料表现出不同的力学性能。按照力学性能的不同，可以将材料分成两类：一类是塑性材料，另一类是脆性材料。两者的区别在于直到最终断裂之前积累发生塑性变形的大小。材料内部的受力、变形等各力学量，一般都随着外力的增大而增大。当构件内的应力达到一定的大小时，材料将发生破坏，即构件发生过大的塑性铰或脆性断裂。除了某些铸造成型的金属材料（如灰铸铁）外，绝大多数工程金属材料都属于塑性材料。某些塑性材料在特定加载方式下，甚至不发生断裂现象。材料抵抗外力作用而不发生破坏的能力，称为材料的强度。金属材料强度的测定常采用实验力学的方法。

此外，在某些情况下，工程中构件的几何形状和载荷都十分复杂，工程构件承受外力作用时，其材料内部将产生相应的力学响应。相邻的质点间将出现内力的相互作用，构件将发生变形。材料这种受力和变形的程度可以用相应的力学量来描述。如杆件横截面内力，拉杆的伸长量，一点处的应力、应变，以及某些量对时间的变化率（如应变率、描述受力变形综合效应的应变能）等。这些量按各自的分布规律，在构件内形成相应的力学场。应力场的分布中某些量值需要用实验力学的理论和方法来测定。

目前，实验力学的发展相当迅速，其中对其他学科最新成就的吸收和应用是实验力学蓬勃发展的主要因素。广度和深度发展方面，电测法中各种类型传感器及测量、记录、分析仪器日新月异；光测法中引进激光干涉计量术，出现了全息光弹性法、激光干涉法、激光散斑法等崭新的测量技术；实验装备的发展方面，应用自动化电子计算机，实现了实验过程的程序控制、实验数据的自动采集和实时处理，提高了实验精度，缩短实验周期。由于实验力学具有适应于各种状态测量的能力，因此在固体力学各个分支诸如弹塑性力学、断裂力学、疲劳力学、爆炸力学、结构动力学及复合材料力学中得到广泛的应用。但是实验力学还处在发展阶段，所以，应积极吸收新技术（如光导、激光测量系统，液体金属传感元件等），大力推进仪器设备和测量技术的自动化程度和进程，改进传感器性能，研制新的模型材料，探讨计算与实验相结合进行力学分析的途径，使实验力学在固体力学的理论研究和工程实际应用中发挥更大的作用。此外，随着计算机及有限元分析和其他数值模拟实验等分析方法的应用，力学实验正朝着实验与计算相结合、物理模型与数学模型相结合的方向发展。

1.2 实验力学的内容

实验力学的内容主要有以下 3 方面：

（1）材料力学性能实验

材料力学公式只能算出在载荷作用下的构件内应力的大小。为了建立其相应的强度条件则必须了解材料的强度、刚度、弹性等特性，这就需要通过拉伸、压缩、扭转、冲击、疲劳和弹性模量 E、断裂韧性测定等试验来测定材料的屈服极限、强度极限、弹性模量、持久极限等反映材料某些力学性能的参数。这些参数是设计构件的基本依据。但是，同一种材料用不同的实验方法，测得的数据可能会有明显差异。因此，为了正确地取得这些数据，实验时就必须依据相关规范，按照标准化的程序来进行。

（2）应力、应变、内力和变形的测试分析

某些构件，由于几何形状复杂，或受力状态复杂，或边界条件较难确定，理论求解比较困难，这时可采用电测法、光测法和应用各种力、力矩、位移传感器及仪表进行应力、应变、内力和变形的测量，并进行实验应力分析。

（3）验证理论公式

前面已指出，理论公式是否正确必须由实验来检验。这部分的实验是用来验证已建立起来的材料力学理论公式，如梁的弯曲应力、压杆稳定理论公式等。

1.3 实验力学的试验标准

材料的力学性能是材料的固有属性，不同的材料具有不同的力学性能。我们从试验中知道，材料的力学性能，如屈服极限、强度极限、疲劳极限和冲击吸收功等，除了与材料本身有关外，还与加载速度、试件几何形状、表面粗糙度、试验周围环境的温度、湿度有关。因此，在进行工程材料力学性能的测试时，必须做出有关的规定，以便统一试验标准，使测试结果具有可比性。这些规定在我国被称为国家标准（GB）或行业标准（JB、YB 等）。其他国家也有各自的试验标准，如美国的 ASTM 标准。在国际间进行仲裁时，以国际标准进行试验，代号 ISO。本教材所用实验力学常用标准规范见附录 2。

1.4 实验方法

在常温、静载条件下的材料力学实验中，所涉及的物理量主要是作用在试件上的载荷和试件的变形量。在进行实验时，力与变形往往要同时测量，此绝非 1 人所能完成的，一般需要 3～5 人协调进行，否则，就不能有效地完成实验。

实验时应注意以下几个方面的问题：

(1) 实验前的准备工作

① 按每次实验的预习要求，认真阅读实验指导，复习有关理论知识，明确实验目的，掌握实验原理，了解实验的步骤和方法。

② 了解实验中使用的仪器、实验装置的构造、使用方法、工作原理以及操作注意事项。

③ 掌握每次实验记录的数据项目及其数据处理的方法，选定试样、估算最大载荷并拟定加载方案等。

(2) 严格遵守实验室的规章制度

① 按课程规定的时间准时进入实验室。保持实验室整洁、安静。

② 未经许可，不得随意动用实验室内的机器、仪器等一切设备。

③ 实验时，应严格按操作规程操作机器、仪器，如发生故障，应及时报告，不得擅自处理。

④ 实验结束后，应将所用机器、仪器擦拭干净，并恢复到正常状态。

(3) 工作原理

实验小组成员，应分工明确，操作要相互协调。实验小组成员一般可作如下分工：

① 记录者（1 人）。记录者应当是负责实验的总指挥。他的任务不仅仅是记录实验数据，更重要的是要及时地分析数据的好坏并保证实验的完整。

② 测变形者（1～2 人）。担任这项工作的同学，应深入了解仪表的性能，特别要弄清其操作规程、单位、放大倍数和测读方法，以免读错。此外，还应负责保护仪表。

③ 试验机操作者及测力者（1～2 人）。分工负责这项工作的同学在实验前必须着重阅读机器的操作规程和注意事项。实验时严格遵照规程进行操作并正确读取载荷数据。此外，还应负责机器的正常运行和人身的安全。

(4) 实验的进行过程

① 接受教师对预习情况的抽查、质疑，仔细听教师对实验内容的讲解。

② 实验时，要严肃认真、相互配合，仔细地按实验步骤、方法进行。

③ 实验过程中，要密切注意观察实验现象，记录好所需数据，并交指导老师审阅。

④ 实验结束后切断电源，清理设备，把使用的仪器归还原处，方可离开实验室。

1.5 实验报告

实验报告就是对所做的实验进行综合的报告。它包括实验的目的、原理、方法和步骤，实验所用的仪器设备名称、型号，有关的性能指标、精度，实验的记录，结果的计算与分析，以及对实验中出现的问题进行的讨论研究等，以便从中发现新的东西。对于科研实验报告，它是存档和进行交流的重要资料。对于学习者而言，实验报告则是在完成实验的基础上，书写实验、分析总结实验的过程。它可以培养实验者的文字及图表表达能力、对实验结果进行分析的能力，从而提高实验者撰写实验报告的水平。此外，对某些综合性、创新性实验，对实验结果的分析和总结要更加细致严谨，以得到预期成果。

1.6 相似理论

1.6.1 模型实验概述

工程建设离不开设计，设计过程又需要对结构物进行大量而周密的力学分析。力学分析包括理论计算与实验研究两个不可或缺的部分。其中实验研究又可分为原型实验和模型实验两个部分，现简介如下：

原型实验是在实际建筑物或机械设备上进行的。对验证设计理论、揭露设计中存在的弊病、指导科学地进行操作和运行管理是很有价值的。但因为实验是在已建成实际物体上进行的，故有些实验就无法进行，如优化设计时方案的比较、大型建筑物或贵重设备的极限性能的研究、油轮与海上浮物的碰撞、坦克对新式武器的抵御能力等，这类问题就需要进行模型实验。模型实验是将发生在原型中的力学过程，在物理相似条件下，经缩小（或放大）后在模型上重演。对模型中的力学参数，进行测量、记录、分析。根据相似关系换算到原型中，达到研究原型力学过程的目的。

模型实验可以人为地控制某些主要因素，略去次要因素，所以典型性好，容易变更某些工作因素（如水位升降、地震加速度的大小和几何形状尺寸等），故对优化设计特别方便。由于模型尺寸较小，实验可在室内进行，能避免许多干扰因素（如雨淋、日晒、强磁），故实验精度能保证，能实现原型无法进行的实验。缺点是为了实验方便仍需要将几何形状、边界条件（如支承、载荷、地基材料等）进行简化，模型材料的力学性能也难完全满足相似条件的要求，小尺寸模型对局部、工艺性的因素难以实现（如金属焊缝、疲劳裂纹），这将引起尺寸效应。所以模型实验也有一定的局限性。

模型实验除需要一般的力学知识和测量技术外，还必须在相似理论指导下来进行。由相似理论可知：模型应满足哪些条件才能与原型相似；实验中应该测量哪些物理量，才能把模型实验结果换算到原型，即模型实验结果的推广应用等问题。

相似理论作为模型实验的理论基础，对模型实验具有重要意义。下面将着重介绍相似的基本概念、条件及其在模型设计和实验数据处理等方面的应用。

1.6.2 相似基本理论

(1) 现象相似

所谓现象相似是指两个或多个现象在性质和功能上的相似。现象相似又称为系统相似。这里“系统”是指由意义明确的(但不一定是已知的)关系所联系在一起的物理量的集合。一般来说，系统可用数学模型来描述。反映系统本质规律的数学方程(组)，加上某些单值条件便确定了一个系统。这样，数学模型为我们判断系统相似提供了极大的方便。

通常容易混淆的情况是，把两个物体在几何上的相似作为它们现象的实质上的相似。一个典型的错误是，无条件地用同一种材料制作仅仅在几何尺寸上与原型成比例的模型，并将由此模型测试得到的结果按几何尺寸成比例放大或缩小到原型上去。

① 几何相似。几何相似是人们接触最早，也是接触最多的相似概念。几何相似是最基本的相似条件，例如，对于两个平面直边图形几何相似的描述是：如它们的对应边成比例，或对应角相等，则该两图形相似。更一般的描述是：如果一个图形能借助连续的、保真的(无畸变的)变换转换为另一个图形，则这两个图形是几何相似的。在这个意义上，任何两个圆、两个边数相等的正多边形都是相似的。

在相似图形中，其坐标按同一方法变换的点称为对应点，连接两对应点的线段的长度称为对应长度。相似图形中的对应点和对应长度又称为相似点和相似长度。几何尺寸之比称为几何相似常数。用数学形式可表示为：

$$C_{l}=\frac{l_{\mathrm{m}}}{l_{\mathrm{p}}} \tag{1-1}$$

式中，C_{l} 为几何相似参数；l_{m} 为模型尺寸；l_{p} 为原型尺寸。

② 边界条件相似。边界条件相似是指模型的支承形式、支承位置、载荷性质和作用位置等均与原型保持相似或相同。

③ 物理相似。物理相似是将具体研究的现象从一群同类现象中区别出来的条件。在几何相似系统中，若进行着同一性质的物理变化过程，而且两系统中各对应的同名物理量之间具有固定的比例常数，则称两系统是物理相似的。例如，时间相似是指对应的时间间隔成比例，即：

$$\frac{t_1}{t_1'}=\frac{t_2}{t_2'}=\cdots=\frac{t_n}{t_n'}=C_{\mathrm{t}}$$

把表征同一物理属性的量称为同名物理量。对应的同名物理量之间具有固定的比例常数，即在两个物理系统中，所有向量在对应点和对应时刻，方向相同，大小成比例。所有标量也在对应点和对应时刻成比例。此外，实验中物理相似还有载荷相似、刚度相似、质量相似等。

两个相似的物理系统必定有相同的物理过程，如某一弹性结构的随机振动与另一结构的随机振动，但如果两物理系统的数学方程结构形式相同，而其过程的物理本质不同，则称为拟似，这是实验技术中另一类问题。

力相似是指力场几何相似，它表现为所有对应点上的作用力都有各向一致的方向，且其大小成比例，力相似也叫动力相似。

④ 起始条件相似。在模型设计及实验中还必须满足系统的起始条件相似。

一般而言，工程力学问题主要有三大类相似，即几何相似、动力学相似和运动学相似。综合物理现象各类相似的特点，三者的地位和意义可这样来描述：任何两个物理现象，如果在几何学、动力学和运动学上都达到了相似，则该两现象相似。其中，几何相似比较容易实现，而运动学相似又随着几何相似和动力学相似而得到表现。

（2）现象相似与物理相似的关系

物理量蕴于现象之中，现象相似则通过多种物理量的相似来表现。由于用来表征现象特征的各种物理量一般不是孤立的、互不关联的，而是处于自然规律所决定的一定关系之中，所以各相似常数的大小不能随意选择。在多数情况下，这种关系体现为相似现象的统一数学模型，这就决定了在各相似常数之间必然存在某种数学上的约束关系，或数学联系。

相似常数是指在两个相似系统中所有的对应点和对应时刻上，有关物理量保持不变的概率，而一旦这两个系统为另外两个相似系统所取代，则对应的物理量之间的比例就会发生改变。简言之，相似常数在两个相似系统中是常数，但对第三个与此两个系统彼此相似的系统，则具有不同的数值。

相似不变量是指在一个系统中的某一量（若干物理量的乘幂组合），它在该系统的不同点（不同的物理量以乘幂形式的组合）上具有不同的数值，但当这一系统转换为与其相似的另一系统时，该量在对应点和对应时刻上保持相同的数值。简言之，在所有相互相似的系统中相似不变量（相似判据）与相似常数比较，其重要性在于前者是综合地而不是个别地反映各个物理量的影响。

（3）相似三定理

相似三定理是相似理论的基础，它们分别说明相似现象具有什么性质，个别现象的研究结果如何推广到所有相似现象，以及满足什么条件现象才相似。

相似第一定理可以表述为：彼此相似的现象其特征数的数值相同。这一结论是根据彼此相似的现象具有的性质得出的。相似第一定理是把系统相似的存在作为已知条件，然后来确定相似系统的性质，也称为相似正定理。

相似第二定理是关于物理量之间函数关系结构的定理。它说明把模型实验结果整理成哪种形式的关系式，就能推广到哪种相似现象。相似第二定理指出能正确地反映物理规律的物理方程，应该是一个完全方程，即符合量纲均衡规则的方程。量纲均衡的物理方程是指方程中各项的量纲相同，同名物理量用同一种测量单位，当物理量的测量单位变化时，一个完全方程的文字结构保持不变。

相似第三定理是说明满足什么条件现象才相似，即研究相似条件，也就是在物理模拟中必须遵守的条件。相似第三定理也叫相似逆定理。相似第三定理可以表述为：凡同一类现象，当单值条件相似，且由单值条件中物理量所组成的特征数在数值上相等时，现象必定相似。单值条件是将一个个别现象从同类现象中区分出来，即将现象群的通解（由分析代表该现象群的微分方程或方程组得到）转变为特解的具体条件。它包括几何条件、物理条件、边界条件和起始条件等。

因此，模型结构和原型结构相似必须满足：

① 几何相似。

② 相应的物理量成比例（各相应物理量的比值称为相似参数）。

③ 各相似常数之间必满足一定的组合关系。一般将组合关系表示为1的形式，并称这种数值上等于1的相似常数组合关系为相似条件。

(4) 量纲分析

量纲分析是根据描述系统的物理过程的物理量的量纲和谐原理，寻求物理过程中各物理量间的关系而建立相似判据的方法。被测量的种类称为这个量的量纲。量纲又分为基本量纲和导出量纲。按质量系统，基本量纲有长度、时间和质量，其余均为导出量纲。量纲间的相互关系如下：

① 两个物理量相等，则指数值相等、量纲相同。

② 两个同量纲参数的比值是无量纲参数，其值不随所取单位的大小而变。

③ 量纲的和谐是指在一个完整的物理方程中，等式两边各项的量纲必须相同。

④ 导出量纲可以和基本量纲组成无量纲组合，但基本量纲之间不能组成无量纲组合。

⑤ 若在一个物理方程中共有 n 个物理量参数 $x_1, x_2, \cdots, x_n$，和 k 个基本量纲，则可以组成 $n-k$ 个独立的无量纲组合。

综上所述，用量纲分析对于寻求比较复杂的系统的相似判据较为方便。

在实验准备阶段，可以根据以上所介绍的相似原理，综合考虑模型的类型、模型的材料、实验的条件及模型制作条件等各种因素，确定适当的模型材料来制作模型。一般情况下，影响相似系统的物理量越多，相应的相似条件也越多，模型与原型的完全相似就越难满足。所以，应根据实验的任务、目的及重要性等，尽量满足影响实验结果的主要物理量的相似条件，忽略次要物理量影响。如想更系统地学习相似理论，可参考相关专业专著，在此不赘述。

1.7 误差分析

试验中得到的大量试验数据称为原始数据。这些原始数据一般不能直接说明试验结果，需要将这些原始数据进行分析整理、加工、分析才能得到最后的试验结果。对直接测量的试验数据进行运算分析，找出试验对象中各参量的相互关系和变化规律的过程就是试验数据处理。它是试验工作的重要组成部分。

1.7.1 测量误差

在试验过程中，由于环境的影响，试验方法和所用设备、仪器的不完善以及试验人员认识能力的限制等原因，试验测得的数值和真值之间存在一定的差异，在数值上即表现为测量误差。随着科学技术的进步和人们认识水平的不断提高，虽可将试验误差控制得越来越小，但始终不可能完全消除它，即误差的存在具有必然性和普遍性。在试验设计中应尽力控制误差，以保证试验结果的精确性。

想从测量值中求得真值，估计它的精确度，研究各相关因素间的关系，并将试验结果用适当方式表示出来，都需要用到误差理论、数理统计学等方面的知识。对这些原理的论述及公式的推导，可参考专门书籍。以下简单介绍误差的分类和传递等基础知识。

误差按其特点与性质可分为三种：系统误差、偶然误差、过失误差。

（1）系统误差

系统误差是由于偏离测量规定的条件，或测量方法不合适，按某一确定的规律所引起的误差。在同一试验条件下，多次测量同一量值时，系统误差的绝对值和符号保持不变，或在条件改变时，按一定规律变化。例如，标准值的不准确、仪器刻度的不准确而引起的误差都是系统误差。

具体来说，引起系统误差有四个方面的因素：

① 测量人员：由于测量者的个人特点，在刻度上估计读数时，习惯偏于某一方向；动态测量时，记录某一信号，有滞后的倾向。

② 测量仪器装置：仪器装置结构设计原理存在缺陷，仪器零件制造和安装不正确，仪器附件制造有偏差。

③ 测量方法：采取近似的测量方法或近似的计算公式等引起的误差。

④ 测量环境：测量时的实际温度对标准温度的偏差，测量过程中温度、湿度等按一定规律变化的误差。

（2）偶然误差（或称随机误差）

在同一条件下，多次测量同一量值时，绝对值和符号以不可预定方式变化着的误差，称为偶然误差。即对系统误差进行修正后，还出现的观测值与真值之间的误差。例如，仪器仪表中传动部件的间隙和摩擦、连接件的变形等引起的示值不稳定等都是偶然误差。这种误差的特点是在相同条件下，少量地重复测量同一个物理量时，误差有时大、有时小，有时正、有时负，没有确定的规律，且不可能预先测定。但是当观测次数足够多时，随机误差完全遵守概率统计的规律，即这些误差的出现没有确定的规律性，但就误差总体而言，却具有统计规律性。偶然误差一般遵循正态分布规律。偶然误差是由很多暂时未被掌握的因素构成的，主要有三个方面：

① 测量人员：瞄准、读数不稳定等。

② 测量仪器装置：零部件、元器件配合得不稳定，零部件的变形、零件表面油膜不均匀、摩擦存在等。

③ 测量环境：测量温度的微小波动，湿度、气压的微量变化，光照强度变化，灰尘、电磁场变化等。

因为偶然误差是试验者无法严格控制的，所以偶然误差一般是不可避免的。

（3）过失误差（或称粗大误差）

明显歪曲测量结果的误差称为过失误差。例如，测量者在测量时对错了标志、读错了数、记错了数等。凡包含过失误差的测量值称为坏值。只要试验者加强工作责任心，过失误差是可以避免的。

发生过失误差的原因主要有两个方面：

① 测量人员的主观原因：由于测量者责任心不强，工作过于疲劳，缺乏经验，操作不当，或在测量时不仔细、不耐心等，造成读错、听错、记错等。

② 客观条件变化的原因：测量条件意外的改变（如外界振动），引起仪器示值或被测对象位置改变等。

1.7.2 误差的表示方法

(1) 绝对误差

设测量值为 D，真值为 T，则绝对误差为：

$$\delta = D - T \tag{1-2}$$

通常，被测物理量的真值是未知的，因此对于被测定的物理量的测量值来说，其绝对误差 δ 也是未知的。测量中，δ 值是根据测量值估计的，若同样条件下进行了多次测量，每次的测量值 D 不一定相同，则绝对误差也不同。为了保证测量值在实际工程中偏向于安全，定义绝对误差的最大值为极限绝对误差，一般绝对误差指极限绝对误差。

(2) 相对误差

为了表示测量值的测量精确度，采用相对误差。定义绝对误差 δ 与真值 T 之比为相对误差 ρ，即：

$$\rho = \frac{\delta}{T} \tag{1-3}$$

由于真值 T 通常是未知数，为了计算方便，将 T 换成测量值 D，于是相对误差为：

$$\rho = \frac{\delta}{D} \tag{1-4}$$

将式（1-4）带入式（1-2）可得：

$$T = D(1-\rho) \tag{1-5}$$

由式（1-5）可知，相对误差越小，测值越接近真值。

(3) 算术平均值

算术平均值有：

$$D_{\mathrm{a}} = \frac{1}{n}\left(\sum_{i=1}^{n} D_i\right) \tag{1-6}$$

式中，D_i 为第 i 次测量值；n 为测量次数。

此外，还用标准误差 S 来表示测量值的分散特性，进而判断测量值误差的来源。

$$S = \sqrt{\frac{\sum_{i=1}^{n} \delta_i^2}{n}} \tag{1-7}$$

有限次测量的标准误差可以用下式计算：

$$S = \sqrt{\frac{\sum_{i=1}^{n} (D_i - D_{\mathrm{a}})^2}{n-1}} \tag{1-8}$$

(4) 对变异的实验数据的判别和处理

对实验中的变异数据要进行判别后处理。变异数据检验方法有物理判别法和统计判别法，这里主要介绍统计判别法中格拉布斯判别法。

格拉布斯（Grubbs）准则为：

$$G>G(a,n) \tag{1-9}$$

格拉布斯判别法步骤为：

① 设有 n 个测点数据 $x_1,x_2,\cdots,x_n$，其中可疑数据为 x_g，设数据的平均值为 $\overline{x}$，标准差为 S，则依据统计量，格拉布斯系数计算值为：

$$G=\frac{|x_g-\overline{x}|}{S} \tag{1-10}$$

② 依据格拉布斯系数临界值表（表 1-1），查得危险率为 a，测量次数为 n 时的格拉布斯系数的临界值 $G(a,n)$。

③ 如果 G 大于临界值 $G(a,n)$，则可判断出 x_g 为异常数据，将其剔除。

表 1-1　格拉布斯系数临界值表

n	a		n	a		n	a	
	0.01	0.05		0.01	0.05		0.01	0.05
3	1.15	1.15	12	2.55	2.23	21	2.91	2.58
4	1.49	1.46	13	2.61	2.33	22	2.94	2.60
5	1.75	1.67	14	2.66	2.37	23	2.96	2.62
6	1.94	1.82	15	2.70	2.41	24	2.99	2.64
7	2.10	1.94	16	2.75	2.44	25	3.01	2.66
8	2.22	2.03	17	2.78	2.48	30	3.10	2.74
9	2.32	2.11	18	2.82	2.50	35	3.13	2.81
10	2.41	2.18	19	2.85	2.53	40	3.24	2.87
11	2.48	2.23	20	2.88	2.56	50	3.34	2.96

注：1. 危险率 a 表示犯了"将本来不是异常数据当作异常数据剔除"这类错误的概率。

2. 格拉布斯准则一般适用于测量次数 $n<25$ 的情况。

1.7.3　误差的传递

在测量中，有些物理量是能够直接测量的，如长度、时间等；有些物理量是不能直接测量的，如弹性模量、平面应变断裂韧度等。对于这些不能直接测量的物理量，必须通过一些能直接测得的数据，依据一定的公式去计算才能得到。这样求得的结果不可避免地将带有一定的误差。误差的传递就是用于讨论有关这方面问题的理论。

（1）测量值的有效数字处理

一个数中的任何一个有意义的数字，称为有效数字。在此定义中，应注意"有意义"的含义。因为任何测量值都存在误差，都是用测量的近似值代替测量值。在记录试验数据时，已暗示它的最后一位数字是估计值，是可疑的，即只允许末一位数是可疑的，其余各位数必须都是可靠的数字。

例如，30.2 表示为三位有效数字；300.2 表示为四位有效数字。此例表明，当"0"处于有效数字中间时，均为有效数字。

例如，0.00063 数字“6”之前的“0”均不是有效数字。此例表明，当“0”处于第一个非“0”的数字之前时，“0”都不是有效数字。

例如，12000 无法确定是几位有效数字。若写为 1.2×10^4，则表示有效数字为两位；若写为 1.20×10^4，则表示有效数字为三位。此例表明，当没有小数时，为了避免混淆，可采用指数形式表示。

（2）运算法则

① 记录测量数据时，只保留一位有效可疑数字。

② 有效数字以后的数字一般采用四舍五入的方法处理。

③ 含有小数的不同位数的两个以上有效数字在进行加法、减法运算中，每个数保留有效位数应以最末一个有效数字的单位相同为原则。

④ 在乘、除运算中，各测量值保留的位数应以其中相对误差最大者或有效位数最小者为标准，其余各数舍入至较有效数字位数最少数字多一位。如：

$$\frac{706.54\times0.34}{5.263}=\frac{706\times0.34}{5.26}=45.6\approx46$$

1.7.4 实验数据的表示方法

实验数据的表示方法有三种：列表法、图解法和公式法（解析法）。这里只介绍依据实验数据建立物理量间的关系式（即经验公式）的方法。

表示相关量的测定值间的函数关系式称为实验公式或经验公式，用方程式表示实验结果既简单又能广泛地保存实验数据，且便于应用，同时还比较深刻地反映了物理现象的内在联系，便于计算。

一个理想的经验公式既要求形式简单，所含常数不要太多，又要求它能够准确地代表实验结果。从实验数据找经验公式还没有简单的方法，通常先根据实验数据作图，然后根据图形和经验以及几何原理，试求经验公式，最后用实验数据验证。

选定了经验公式的类型后，就要根据测定值确定经验公式中的常数，最常用的方法有图解法和最小二乘法。

对于直线的情形，用图解法比较方便，先将实验数据描在坐标纸上，作出数据散点图，然后画一条直线尽可能地接近每一点，这条直线的斜率和纵轴截距代表了该直线式经验公式中的常数。

最小二乘法是求解常数常用的方法。此法假设自变量数值无误差，而因变量各数值有测量误差。最好的曲线能使各点同曲线的偏差的平方和为最小。

现以直线式为例说明最小二乘法求解常数的方法。

如图 1-1 所示，设有 n 组（x，y）值适合方程 $y=kx+b$，设 y_i' 代表 b 已知时根据 x_i 值计算的 y 值，即 $y_i'=b+kx_i$，$i=1,2,\cdots,n$。测量值 y_i 与直线的偏差为：

$$k_i=y_i-y_i'=y_i-b-kx_i \tag{1-11}$$

设 $\sum_{i=1}^{n}k_i^2=Q$，则 Q 最小的必要条件为：

$$\frac{\partial Q}{\partial b}=0,\quad \frac{\partial Q}{\partial k}=0 \tag{1-12}$$

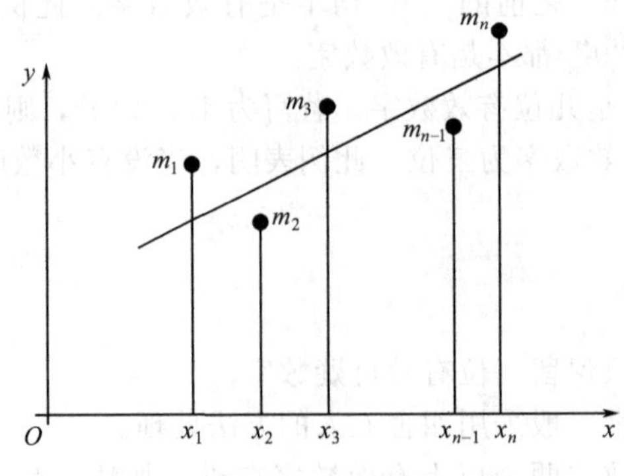

图 1-1　最小二乘法直线拟合图

则由式（1-11）和式（1-12）可得：

$$\sum y_i - nb - k\sum x_i = 0$$

$$\sum x_i y_i - b\sum x_i - k\sum x_i^2 = 0$$

$$b = \frac{\sum x_i y_i - \sum y_i \sum x_i^2}{(\sum x_i)^2 - n\sum x_i^2} \tag{1-13}$$

$$k = \frac{\sum x_i \sum y_i - n\sum x_i \sum y_i}{(\sum x_i)^2 - n\sum x_i^2} \tag{1-14}$$

若方程为二次曲线关系式，即 $y=a+bx+cx^2$，也可以用最小二乘法求解三个未知常数，因需要解联立方程组，用计算机计算较方便。

第2章 实验仪器设备介绍

2.1 微机控制电子万能试验机

WDW-100微机控制电子万能试验机外形如图2-1所示，试验机主要适用于金属或非金属材料的拉伸、压缩、弯曲、剪切等试验。可通过德国DOLI公司的EDC100数字控制器控制试验机，也可以通过计算机控制EDC100数字控制器，再控制试验机，自动完成试验全过程。可以绘制应力-应变、应力-位移、力-变形、力-时间等曲线并能自动存储试验数据及打印试验报告。试验机还具有等速试验力、等速变形、试验力保持等功能。试验机具有试验力、位移、变形三种控制方式，且可实现三种控制方式之间的平滑转换。符合GB/T 16491—2008《电子式万能试验机》的有关要求。

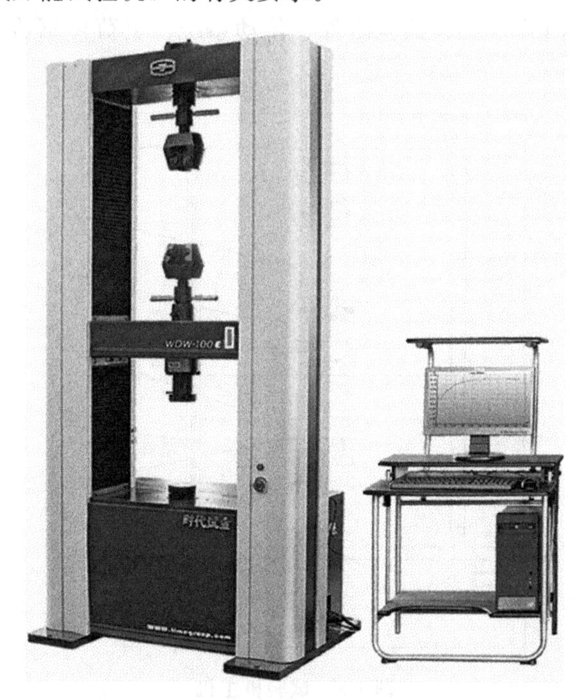

图2-1 微机控制电子万能试验机

2.1.1 主要结构及工作原理

WDW-100 微机控制电子万能试验机主要由主机、电控系统、计算机及打印机组成。试验机总布置如图 2-2 所示。

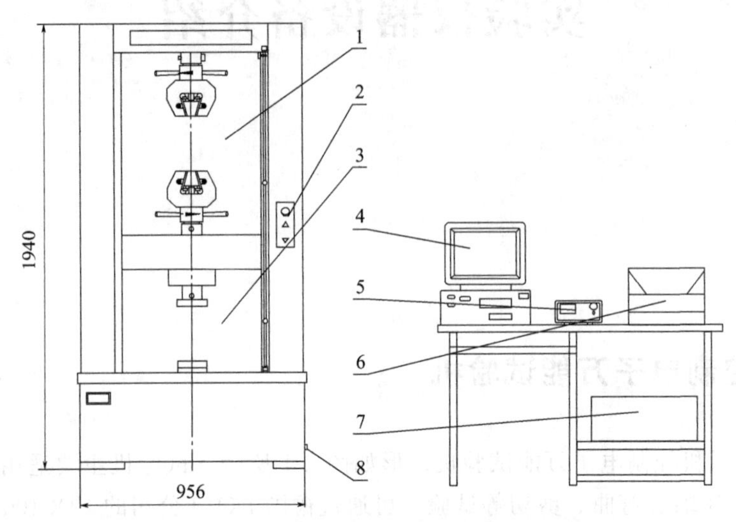

图 2-2 WDW-100 微机控制电子万能试验机总布置图

1—拉伸空间；2—柄；3—压缩空间；4—计算机；
5—EDC 数字控制器；6—打印机；7—功率放大器；8—插座板

（1）主机

试验机主机主要由门式框架、试验附件、传动系统、负荷传感器、行程保护装置等组成。如图 2-3 所示。

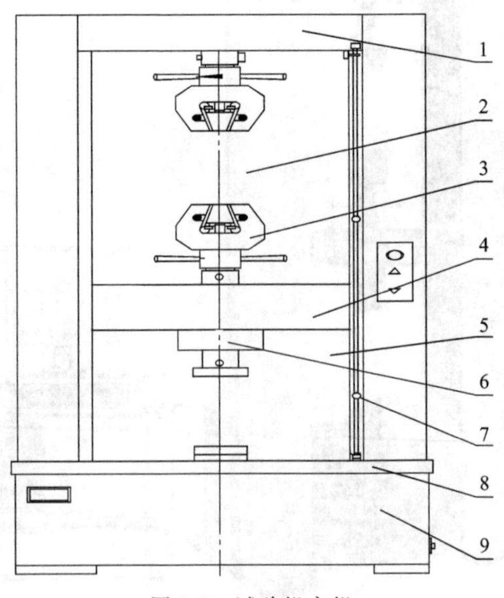

图 2-3 试验机主机

1—上横梁；2—拉伸空间；3—拉伸夹头；4—移动横梁；5—压缩空间；
6—负荷传感器；7—行程保护装置；8—工作台；9—传动系统（施力系统）

① 门式框架由上横梁、移动横梁、支承架及工作台等组成。各部件采用整体结构形式，具有刚度高、体积小等特点。试验空间为双空间：上空间（即拉伸空间）及下空间（即压缩空间）。当移动横梁下降时即对试样施加了试验力。由于采用了双空间结构，使得整机的结构更加合理，传感器的受力方向一致，方便了用户对传感器的标定。

② 试验附件由拉伸、压缩、弯曲、剪切等装置组成。拉伸装置由上夹头、下夹头组成。上夹头通过连杆与上横梁相连接，而下夹头通过连杆与传感器及移动横梁相连接。机器出厂时连杆已固定，无须再调整。

③ 传动系统由宽调速直流伺服电机、同步齿形带、减速器及光电编码器等组成。宽调速直流伺服电机具有恒转矩及良好的低速特性，通过反馈信号光电编码器使移动横梁获得稳定的试验速度。

④ 传感器安装在移动横梁上，用于准确地测量试验的力值。

⑤ 行程保护装置由行程杆、上下限位环和行程开关等组成。

（2）电控系统

电控系统由 EDC 数字控制器、功率放大器、计算机及打印机等组成。

2.1.2　使用与操作

（1）电控系统的操作

详见 EDC 数字控制器使用说明书。

（2）拉伸试样的装夹

如图 2-4 所示，根据试验中试样夹持部分的尺寸选择夹头块型号（夹头块上刻有夹持范围）。安装夹头块时，先拆下夹头体上的挡板，将夹头块装入夹头体内，然后再装上挡板。旋转夹头体手柄，使夹头块张开。把试样的夹持部分插入两夹头块中，注意使试样的夹持部分在夹头块全长的 80%～100%范围内。夹头体上箭头方向为试样的夹紧方向，夹紧试样时，按箭头方向旋转手柄，夹紧试样，并将托板压紧到夹头块上，使试样稍有预紧。否则，易使托板在拉伸过程中因受力而损坏。调整横梁位置，用同样方法夹紧试样的另一端。根据试验要求安装引伸计。

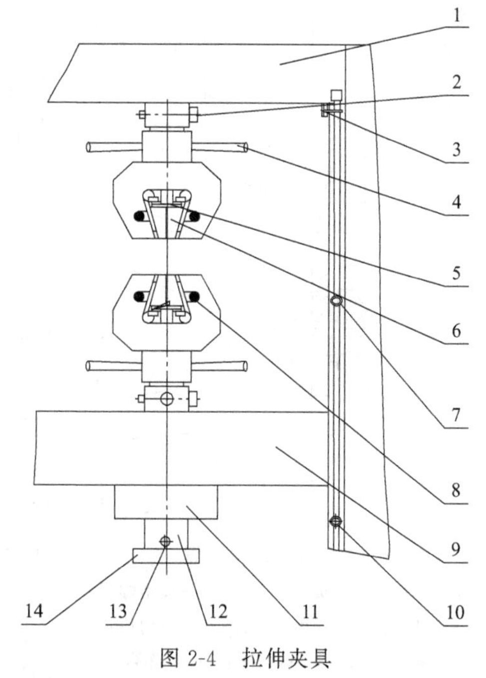

图 2-4　拉伸夹具

1—上横梁；2—夹头穿销；3—行程开关；4—夹具手柄；5—托板；6—夹头块；7—上限位环；8—定位螺钉；9—移动横梁；10—下限位环；11—负荷传感器；12—锁紧螺母；13—紧定螺钉；14—上压板

调整移动横梁位置时，可使用带有面板的控制手柄，手柄上的箭头方向为横梁移动的方向。顺时针旋转手柄按钮时，横梁速度逐渐增大；反之，横梁速度逐渐减少。还可以使用控制器面板上的按钮，操作方法与控制手柄相同。

主机的下空间为压缩空间，试样的压缩、弯曲、剪切等试验在此空间进行。如图 2-5、图 2-6、图 2-7 所示。

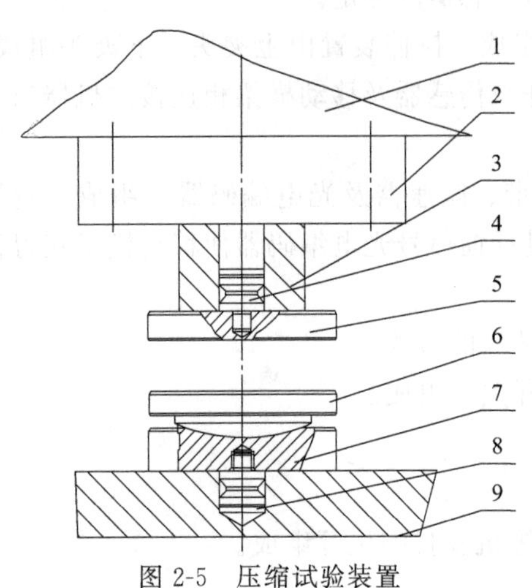

图 2-5 压缩试验装置

1—移动横梁；2—负荷传感器；3—锁紧螺母；4,8—定位螺钉；5—上压板；6—球面压板；7—球面座；9—工作台

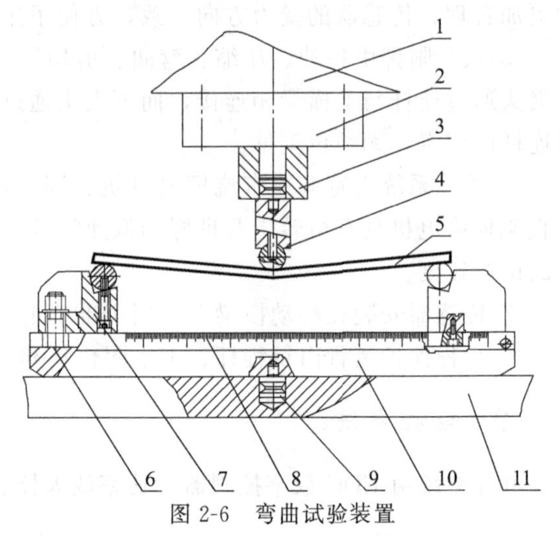

图 2-6 弯曲试验装置

1—移动横梁；2—负荷传感器；3—锁紧螺母；4—弯曲压滚；5—弯曲试样；6—压紧螺栓；7—压滚座；8—刻度尺；9—定位螺钉；10—弯曲试台；11—工作台

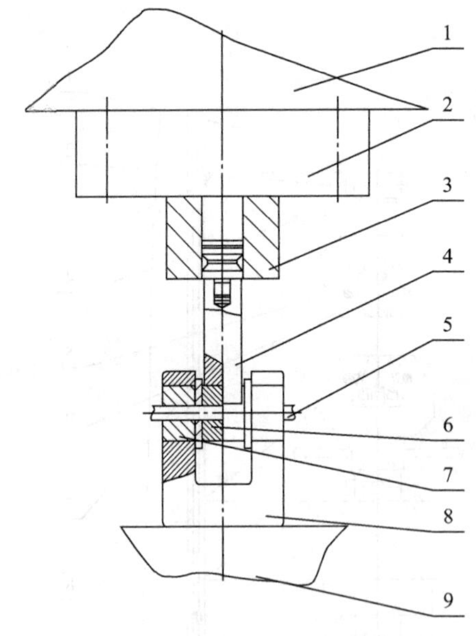

图 2-7 剪切试验装置

1—移动横梁；2—负荷传感器；3—锁紧螺母；4—剪切压头；5—剪切试样；6—剪切块；7—剪切钳口；8—剪切座；9—工作台

2.1.3 软件使用说明

接通电源，打开计算机、EDC 数字控制器及功率放大器，把 EDC 菜单设置在 PC _ CONTROL 方式下。试验具体操作步骤如下。

(1) 拉伸试验

① 用鼠标单击计算机屏幕“快捷方式 test”图标，屏幕显示有“压缩、弯曲试验”“拉伸试验”“剪切试验”。

② 单击“拉伸试验”，屏幕显示为“常规拉伸试验”“模量拉伸试验”。试验中若使用引伸计则单击“模量拉伸试验”，不使用则单击“常规拉伸试验”。这时屏幕显示“正在初始化请等待…”，当该行字消失，程序显示主窗口。

③ 在开始做试验前，需建立一个新的文件，操作过程为：点击主窗口“文件”菜单，选择“新建”选项，屏幕出现新建文件对话框，输入新的文件名后（起相同文件名会把先做的试验记录覆盖）按“确定”按钮。

④ 单击“主窗口设置”菜单，选择“试验参数”选项，在这里可以对一些参数进行设置或改变。首先是对试样形状的设置，单击“圆试样”选择框右边的小下降箭头，可以选择

“板试样”和“不规则试样”。选择圆试样需要输入试样直径，选择板试样需输入试样的宽度和厚度，选择不规则试样只需输入试样的横截面积。在选择“模量拉伸试验”时，计算弹性模量区间值要设置在曲线的直线部分，这样求出的弹性模量更近似于真实值。其中区间的上限值还作为程序求取上屈服点的门槛值。若该值设置不对，会影响屈服点的准确性，在试验前需凭经验估计而定。如果试验中屈服点求得不准，可以重新进入该设置窗口改变区间的上限值，单击滚动条的左右箭头可以改变上屈服点的下降点数，该值为程序寻找上屈服点的一个条件。曲线类型有负荷-位移曲线及应力-应变曲线。曲线类型不同，X 轴和 Y 轴的坐标单位也不同。在未做试验前，X 轴和 Y 轴的起点坐标都设为零；终点坐标应大于试样断裂时所能达到的值，若该值设得小，曲线会画得不完整，这样，须等试验结束后重新打开该试验文件，在试验参数窗体中把终点坐标变大。各项参数设好后按“确认”键。

⑤ 单击“主窗口设置”菜单，选择“试验速度”选项，在此窗口可以设置屈服前后的试验速度。设置好后按“确认”键。

⑥ 单击“ON”按钮，把试样上端夹好，双击“负荷显示值”清零，用手控摇柄调整好横梁位置，夹紧试样，双击“位移显示值”清零。如果试验使用引伸计，须夹好引伸计，拔掉插销，双击“变形显示值”清零。一切准备就绪即可按“开始”按钮，程序进入试验状态。

⑦ 若做模量拉伸试验时，试验中间屏幕提示摘掉引伸计，试验者需摘除引伸计，后按“确定”按钮，程序继续进行。试验结束后，重新打开此试验文件，双击屏幕可改变显示曲线类型（即负荷-位移曲线和负荷-变形曲线）。若显示应力-应变曲线须在试验参数的曲线类型中选择“应力-应变曲线”。单击“设置”菜单选择送检内容，在“送检内容”窗口可以对各项进行输入设置，然后按“确认”键。再单击“文件”菜单选择“打印”，可以打印出试验报告和当前屏幕显示的曲线。

(2) 压缩、弯曲试验

① 用鼠标单击计算机屏幕“快捷方式 test”图标，屏幕显示有“压缩、弯曲试验”“拉伸试验”“剪切试验”。

② 单击“压缩、弯曲试验”，屏幕显示“正在初始化请等待…”，当该行字消失后，程序显示主窗口。如果试验程序已处于主窗口显示状态，可单击“文件”菜单选择“返回”选项；如果屏幕显示“压缩、弯曲试验”“拉伸试验”“剪切试验”，单击“压缩、弯曲试验”即可；如果屏幕显示“常规拉伸试验”“模量拉伸试验”单击“上一步”按钮，再单击“压缩、弯曲试验”，程序即处于压缩、弯曲试验状态。之后建立新文件，设置试验参数，安装试样，调整横梁位置，各项清零，进行试验，步骤与拉伸试验相同。弯曲试验只画出负荷-位移曲线。

(3) 剪切试验

步骤与压缩、弯曲试验相同。如果想浏览以前做过的试验曲线和检测数据，单击“文件”菜单的“打开”选项，在“打开文件”窗口中选择相应的文件名，按“确定”按钮。并可打印曲线及试验报告。试验结束后，打开“文件”菜单选择“退出”，关闭 EDC 及功率放大器。

2.2 微机控制电液伺服万能试验机

WAW 系列微机控制电液伺服万能试验机采用美国 AD 公司电子器件，如图 2-8 所示，是一种具有高新技术手段，符合现代力学检验要求的新型试验设备。该试验机是目前生产和使用中的手动加荷式、手动加荷屏显式万能试验机的升级换代产品。

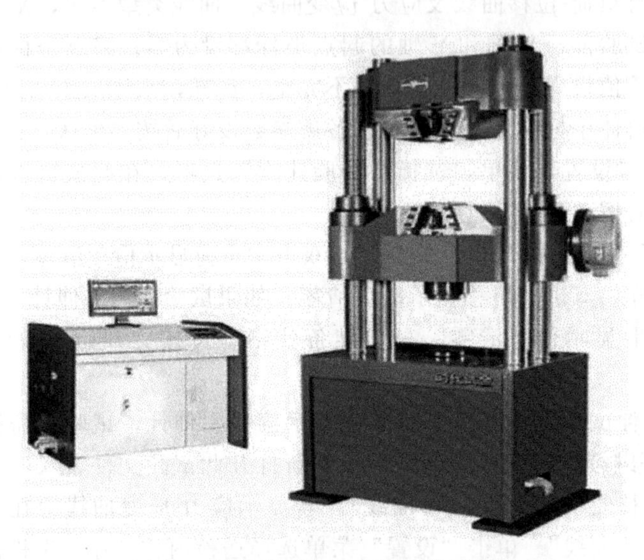

图 2-8 微机控制电液伺服万能试验机

该试验机采用宽调速范围的电液比例阀组及计算机数字控制等先进技术，组成全数字式闭环调速控制系统，能够自动精确地测量和控制试验机加荷、卸荷等试验全过程。控制范围宽、功能多，全部操作键盘化，各种试验参数由计算机进行控制、测量、显示、处理并打印，集成度高，使用方便可靠。可对各种金属、非金属材料进行拉伸、压缩、弯曲、剪切、低周循环及用户设计的各种组合波形试验。其技术指标和性能达到国际先进技术水平，是科研生产、仲裁检验所需的先进检测设备。

2. 2. 1 主要结构及工作原理

微机控制电液伺服万能试验机参看图 2-9，主要由主机、液压源、计算机三大单元组成。

（1）主机

主机结构为液压缸下置式，由机座（内装工作液压缸）、试台、上下横梁、丝杠、光杠等组成。试台与上横梁通过光杠连接成一个刚性框架，试台与工作液压缸及负荷传感器通过螺钉连接，下横梁在中间与丝杠连接形成上下两个工作空间，而电动机经减速器、链传动机构、丝杠副来带动下横梁移动，调整上下工作空间。

在上下横梁内均装有液压夹具，由吸附式控制盒控制其动作，夹具内的夹块可根据试样尺寸来更换。

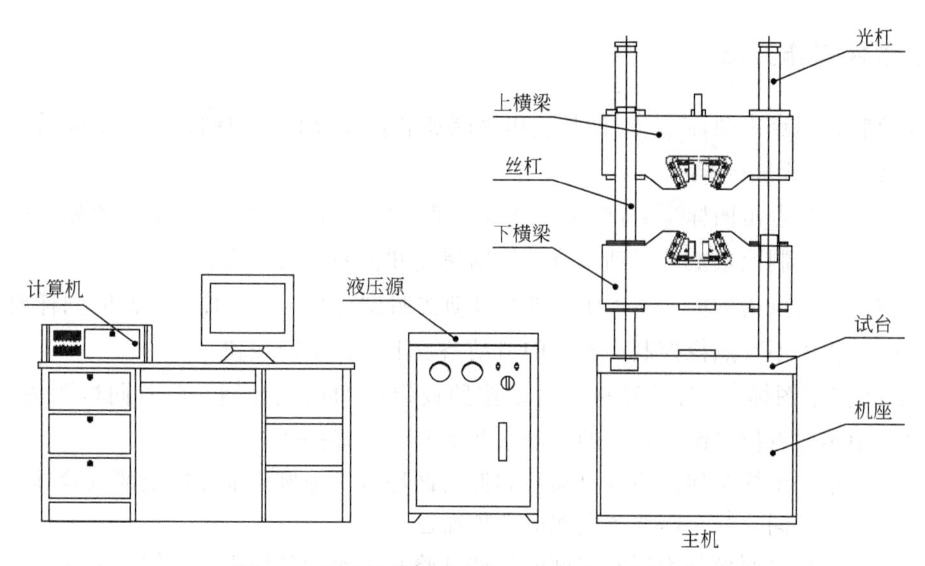

图 2-9 微机控制电液伺服万能试验机结构图

(2) 液压源

液压源为通用型设计。主要由油泵电机组、手动控制阀、自动控制阀、过滤器、油箱等组成。液压夹具控制系统及配电盘也安装在其内。

在液压源正面装有空气开关和启动按键，并设有手柄进行手动控制。液位计可观察液面高度及温度。在液压源侧下方装有放油孔，用于清洗油箱及换油。液压源通过高压胶管与主机相连，所有电气线路均通过接头相连。油箱内约装 45L 液压油。

(3) 计算机

控制台与液压源并排安置，上面放有计算机、打印机、键盘等仪器，用电缆与液压源、主机连接。

2.2.2 操作规程

(1) 打开计算机，输入有关参数，详细操作参看后文的软件操作方法。

(2) 检查电气、油路、润滑及其他各部件是否完好。

(3) 接通电源，启动油泵。打开送油阀（或自动控制阀）将活塞上升 10～20mm 后再关闭，计算机负荷调零，调整上、下钳口间距离。按下上紧键，将试样上端夹紧，再按下下紧键将试样下端夹紧（如距离不够可松开下紧键调整）。装上引伸计，拔下定位针，变形值调零，打开送油阀（或自动控制阀）加荷进行试验，此时负荷、变形、位移值等有关参数均在计算机屏幕上显示。当达到规定变形值时，取下引伸计，插好定位针，继续加载荷直至试样断裂。试验做完后关闭送油阀（或打开自动控制阀卸载）将载荷卸为零，并回到初始位置，抬起上、下夹紧键，按住松开键取下试样。将油泵停止，操纵计算机存储打印有关原始记录。

应注意：要取下没有拉断的试样时必须先将载荷卸除。

2.2.3 软件操作方法

手动控制：当点击图标时即是使用手阀加载，计算机不控制，开始试验后只进行数据采集、处理和打印报告等工作。

自动控制：当点击图标时就是计算机自动控制，此时一定要把手阀关死。试验过程中可以通过点拉控制面板上的滑动条改变控制速度和控制方式（力、位移）。

程序控制：当点击图标时计算机将自动按照设定好的曲线控制。此时同样要关死手阀，且试验过程中不要点拉控制面板上的滑动条及上升、下降按钮。

R02：当点击图标时计算机将自动按照设定好的曲线控制。此时同样要关死手阀，且试验过程中不要点拉控制面板上的滑动条及上升、下降按钮。

现以组（单）试样拉伸试验（自动）和低周循环试验为例详细介绍全部试验过程，其余与拉伸试验大体相同，只是需要改变相应选项而已。

拉伸试验因材料而异分为屈服强度的拉伸试验和非比例延伸强度的拉伸试验。

（1）试验前设置

① 打开计算机，预热 20～30min。

② 在计算机桌面或程序组启动程序，进入操作界面，如图 2-10，程序默认“自动”状态。

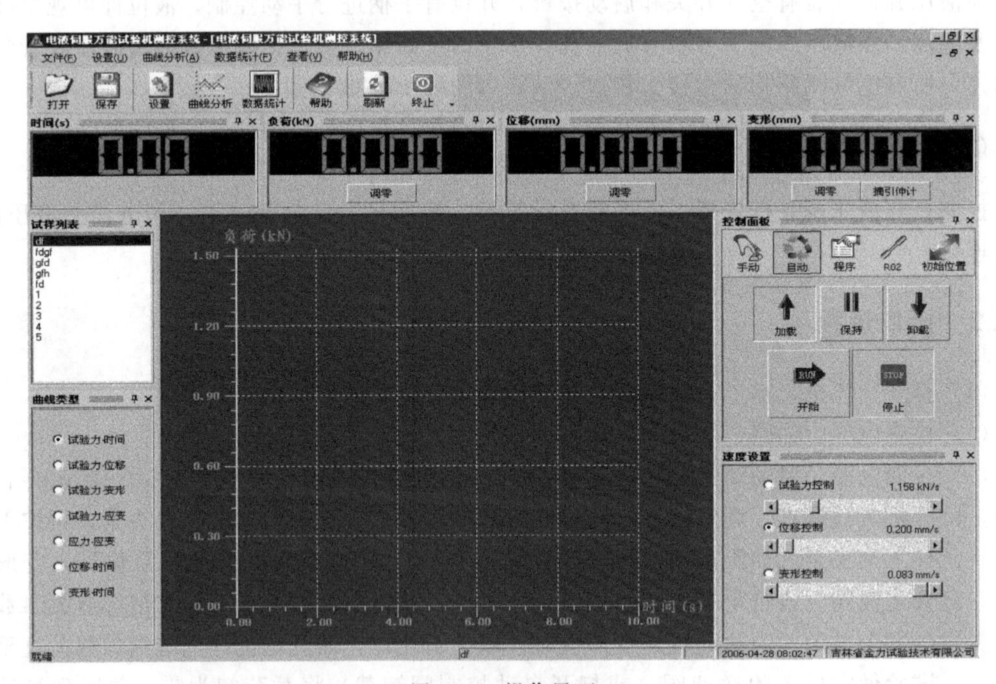

图 2-10 操作界面

③ 用户设置：点击“设置”进入“用户设置”对话框。进入“环境”选项卡，该选项包含此设备的型号、标号、生产商信息。如图 2-11 所示。

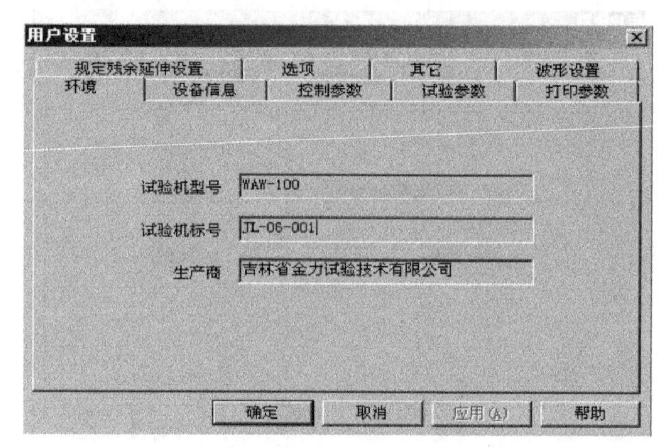

图 2-11　“环境”选项卡

“设备信息”选项：“试验机负荷”指的是试验机的最大量程，调试时已输入，不要改动，“引伸计标距”随使用引伸计规格而相应改变。如图 2-12 所示。

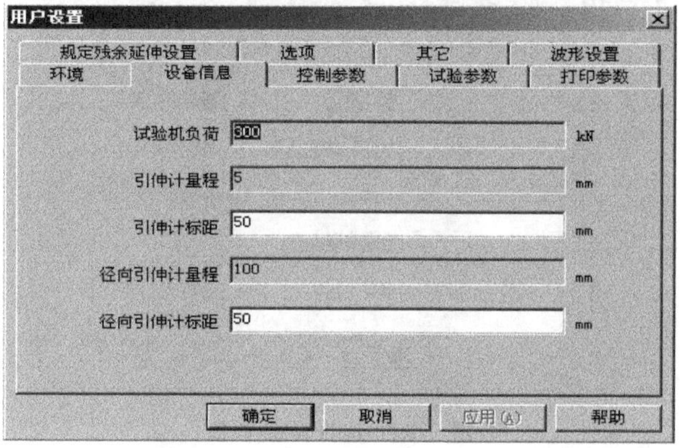

图 2-12　“设备信息”选项卡

“控制参数”选项：设定液压缸初始位置 10～20mm，其余可以在试验过程中调整。如图 2-13 所示。

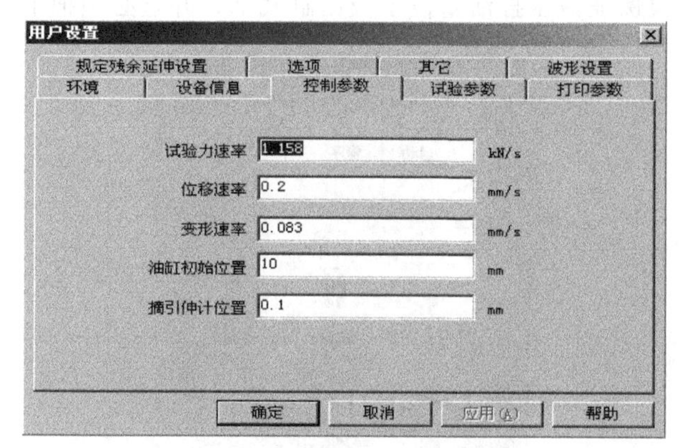

图 2-13　“控制参数”选项卡

“试验参数”选项：可根据需要试验要求选择试验类型、试样类型。如图 2-14 所示。

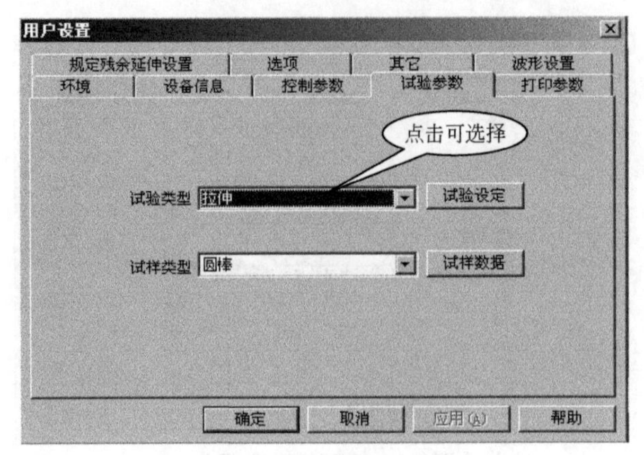

图 2-14 “试验参数”选项卡

选择试验类型后，点击“试验设定”，然后进入试验设定选项，选择欲求的试验参数，点击前复选框，已选参数以√显示。如图 2-15 所示。

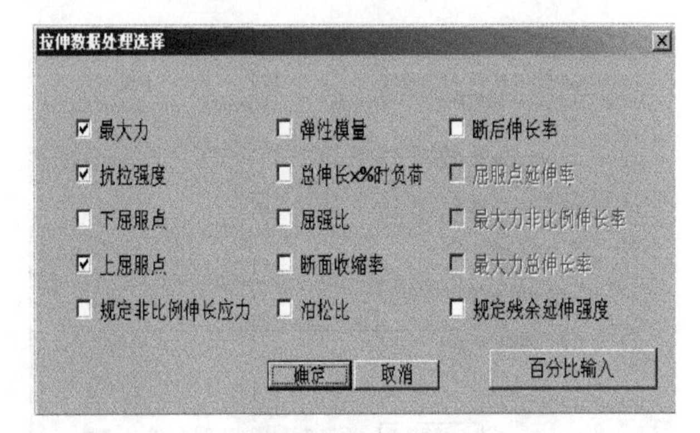

图 2-15 选择试验参数

（2）试验开始

① 启动油泵：用手动或自动控制把液压缸升起 10～20mm，如图 2-16 所示。用自动控制升起液压缸时一定要保证液压缸活塞位于液压缸底部，并且必须把手动控制阀全部关死。

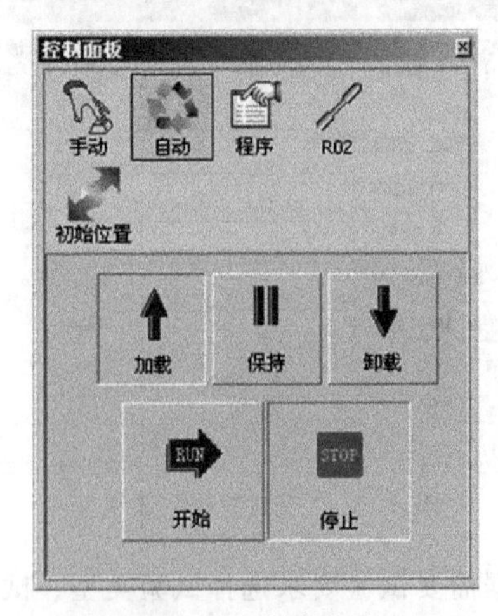

图 2-16 启动油泵

② 调零：按试验力“调零”按钮调整零点。

③ 速度设定：在手控器中可以依据试验法对试样材料要求的速度进行控制，通常调整位移控制速度（0.02～0.1mm/s）、试验力控制速度（500～1000N/s），如图2-17所示。试验开始时因为没有力（或很小），所以必须用位移控制。

④ 放置（夹持）试样：先把试样居中垂直放好、夹紧。

⑤ 点击“开始”键，计算机自动进入位移控制方式，起始速度要小一些。

⑥ 选择试验力-位移曲线或试验力-时间曲线（图2-18），在屈服过程中采用等位移控制，速度因材料和国标规定而定，屈服过程以后，可以切换成试验力控制，到试验结束。曲线可以自由切换，切换在曲线类型选择框中进行，曲线类型选择框可以按住鼠标左键移动，显示与隐藏的切换可以单击鼠标右键。

⑦ 试验结束后，程序会自动停止（如程序未自动退出试验状态，用鼠标点击“停止”按钮停止）。接口上会跳出对话框，如图2-19所示，要求输入断后资料，这时应取下试样，量取断后数据输入对话框。输入试样断后数据后点击“OK”键，然后会自动跳出数据结果窗口，如图2-20所示。

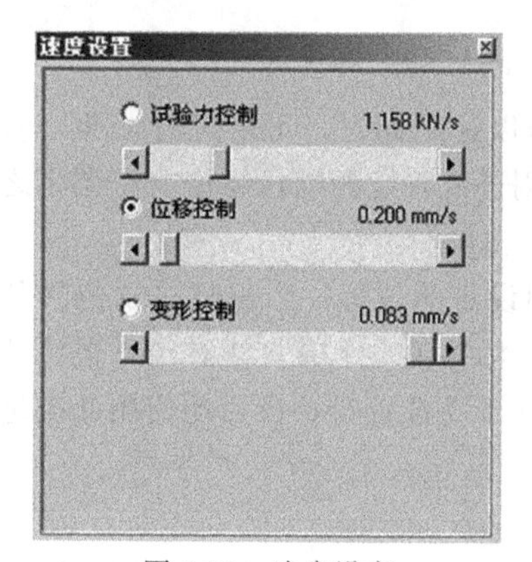

图2-17　速度设定

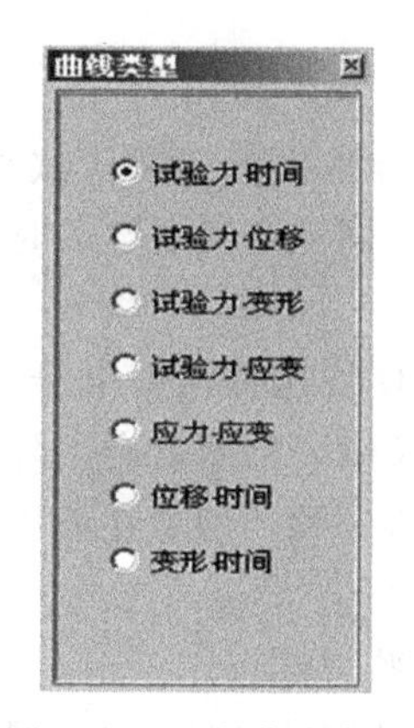

图2-18　选择曲线类型

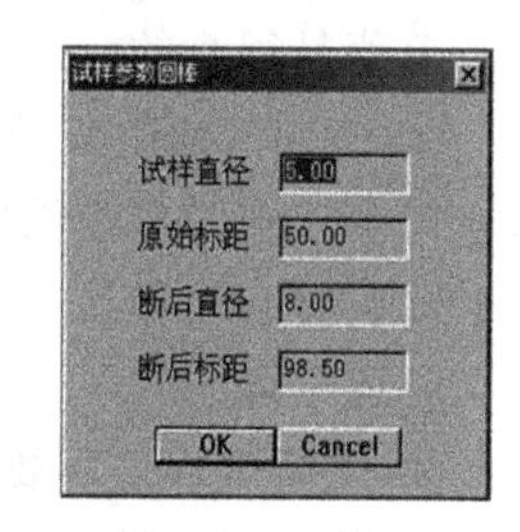

图2-19　输入试样断后数据

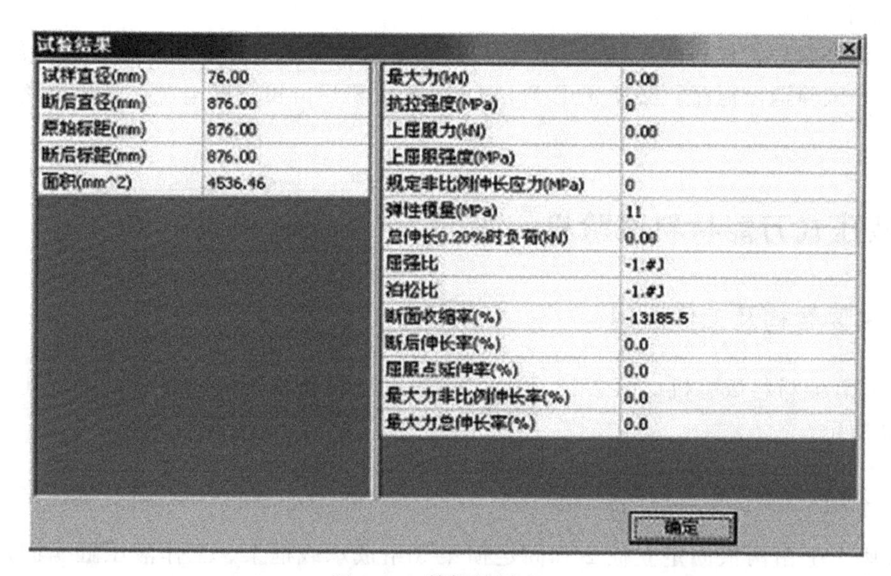

图2-20　数据结果窗口

⑧ 查看数据是否有效：点击“确定”按钮则会提示是否保存曲线，如保存就会跳出“另存为”对话框，如图 2-21 所示。对于成组试验，只是第一根试样要选择保存位置，其余试样只提示是否保存，然后自动存入用户已命名的成组试样的文件夹中。

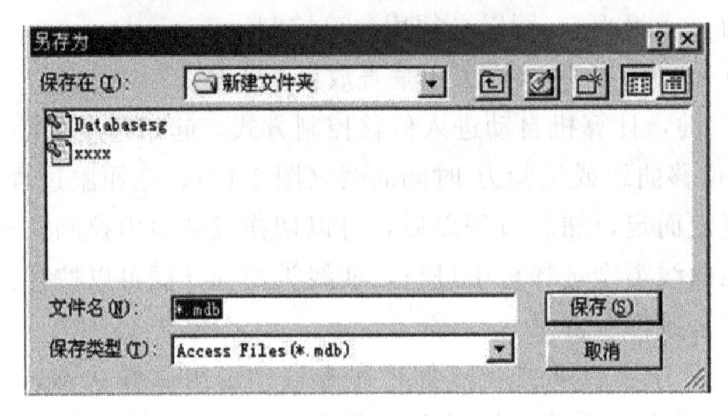

图 2-21 “另存为”对话框

2.2.4 注意事项

① 未开始试验不要点击“开始”按钮。

② 每次进入程序时，若有异常提示或默认试验力值与以往不同时，不要进行试验，参照故障处理方法排除故障。对于同一台机器空载时，每次刚进入系统的默认力值（未调零之前）差值是很小的。

③ 使用液压缸复位键可以使液压缸活塞上升或下降到设定的位置。当位移显示位置值大于设定位置时点击液压缸复位键，活塞就会下降；反之，活塞就会上升。注意经常关注活塞实际位置与位移显示位置是否一致，切忌在液压缸实际处于高位置时，盲目地使用此键进行上升或下降。

④ 夹紧试样后不要再调试验力零点。

⑤ 装夹引伸计时，注意拔掉定位销后，再调零或按下“确定”按钮；当摘下引伸计时，注意插上定位销。

⑥ 试样破断后，程序如果没退出试验状态，须马上单击“停止”退出试验状态。

⑦ 做完试验退出程序，必须先用 WINDOWS 关机后方可切断电源，液压缸落到底，关闭油泵。

2.3 液压式万能材料试验机

2.3.1 主要结构及工作原理

液压式万能材料试验机如图 2-22 所示，一般由加载和测力两大部分组成，其工作原理如图 2-23 所示。

(1) 加载部分

在底座 1 上由两根固定立柱 2 和固定横梁 3 组成承载框架。工作液压缸 4 固定于框架上。在工作液压缸的工作活塞 5 上，支承着由上横梁 6、活动立柱 7 和活动平台 8 组成的活

图 2-22　液压式万能材料试验机

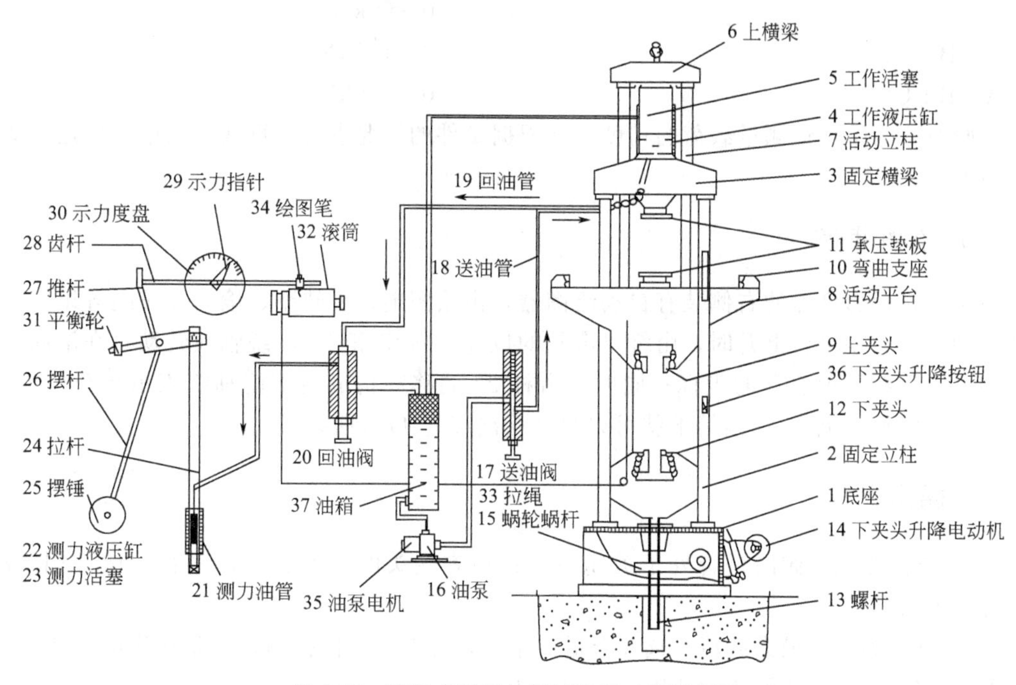

图 2-23　液压式万能材料试验机工作原理图

动框架。当油泵 16 开动时，油液通过送油阀 17，经送油管 18 进入工作液压缸，把工作活塞 5 连同活动平台 8 一同顶起。这样，如把试件安装于上夹头 9 和下夹头 12 之间，由于下夹头固定，上夹头随活动平台上升，试件将受到拉伸。如把试件放置于两个承压垫板 11 之间，或将受弯试件放置于两个弯曲支座 10 上，则因固定横梁不动且活动平台上升，试件将分别受到压缩或弯曲。此外，试验开始前如欲调整上、下夹头之间的距离，则可开动下夹头升降电动机 14，驱动螺杆 13，便可使下夹头上升或下降。但下夹头升降电动机 14 不能用来给试件施加拉力。

(2) 测力部分

加载时，开动油泵电机 35，打开送油阀 17，油泵把油液送入工作液压缸 4，并顶起工作活塞 5 给试件加载；同时，油液经回油管 19 及测力油管 21（这时回油阀 20 是关闭的，油液不能流回油箱 37），进入测力液压缸 22，并压迫测力活塞 23，使它带动拉杆 24 向下移动，从而迫使摆杆 26 和摆锤 25 连同推杆 27 绕支点偏转。推杆偏转时，推动齿杆 28 水平运动，于是驱动示力度盘 30 的指针齿轮，使示力指针 29 绕示力度盘 30 的中心旋转。示力指针旋转的角度与测力液压缸的总压力（即拉杆 24 所受拉力）成正比。因为测力液压缸和工作液压缸中的油压压强相同，所以两个液压缸活塞上的总压力成正比（与活塞面积之比相同）。这样，示力指针的转角便与工作液压缸活塞上的总压力，即试件所受载荷成正比。经过标定便可使示力指针在示力度盘上直接指示载荷的大小。

试验机一般配有质量不同的摆锤供选择。对质量不同的摆锤，示力指针转同样的转角，所需油压并不相同，即载荷并不相同。所以，示力度盘上由刻度表示的测力范围应与摆锤的质量相匹配。例如 WE-300 型万能试验机的 3 种度盘如下：

锤 重	度 量
A	0～60kN
A+B	0～150kN
A+B+C	0～300kN

实验时，为了保证测量载荷的精度，要根据试件的情况事先估算载荷大小，再选用适宜的示力度盘。

(3) 绘图装置

在试验机示力度盘的右侧装有自动绘图器，由绘图笔、导轨架、滚筒和拉绳等组成。其工作原理是，活动平台上升时，由绕过滑轮的拉绳 33 带动滚筒 32 绕轴线转动，在滚筒圆柱面上构成沿周线表示位移的坐标；同时，齿杆 28 的移动构成沿滚筒轴线表示载荷的坐标。这样，实验时绘图笔 34 在滚筒上就可以自动绘出载荷-位移曲线。

2.3.2 操作步骤

① 检查油路上各阀门是否处于关闭位置；检查夹头的类型和规格是否与试件相匹配；检查保险开关是否有效。

② 根据实验所需最大载荷，选择合适的量程，配置相应的摆锤，调整相应的缓冲器。

③ 装好自动绘图器的传动装置、笔和纸张等。

④ 先关闭送油阀及回油阀，再开动油泵电机；待油泵工作正常后，开启送油阀，将活动平台升高约 10mm，以消除其自重；然后关闭送油阀，调整示力指针使它指在零点；最后把被动针靠近主动针，以便记录峰值。调整好后立即停机。

⑤ 安装试件。如果拉伸试件的长度不同，可在空载情况下，调解下夹头的位置，使夹持长度至少大于夹头长度的 2/3，并应将试件夹正。安装压缩试件时，则应把试件摆正，确保对中，尽可能使试件只承受轴向载荷。

⑥ 加载时缓慢打开送油阀，使指针缓慢离开零点，然后根据指针偏转快慢，调整进油阀，控制合适的加载速度，使试件平稳加载。

⑦ 试验完毕，关闭送油阀，并立即停机，然后取下试件（有时要在泄油后，再取下试件，例如非断裂试验）。缓慢打开回油阀，将油液泄回油箱，使活动平台回到原始位置，并使一切机构复原。

2.3.3 注意事项

① 开机前和停机后，送油阀一定要至于关闭位置。加载、卸载和回油均须缓慢进行，防止冲击。

② 拉伸试件夹紧后，不得再调整下夹头的位置，同时也不能调整示力指针到零位置。

③ 试验过程中要随时注意活动平台升高的位置，不得超出规定范围。

④ 机器开动后，操作者不得擅自离开控制台。若听见异常声音或发现任何故障都必须立即停机。

⑤ 当试件要受载时，立即减缓活动平台上升速度（关小送油阀门），以防止冲击。

⑥ 若加载过程中，油泵停止了工作，需要再启动油泵时，必须先回油降压，禁止在高压下启动油泵。

2.4 微机控制电子扭转试验机

RNJ 系列微机控制电子扭转试验机如图 2-24 所示，主要用于对各种材料进行扭转破坏、扭转切变模量测定、多步骤扭矩加载等试验，增加相应附件亦可对零部件和构件进行扭转试验。

本机制造执行 GB/T 9370、JJG 269、GB/T 239 扭转试验机技术条件及金属室温扭转试验方法。

图 2-24　RNJ 系列微机控制电子扭转试验机

2.4.1 主要结构及工作原理

(1) 主要结构

试验机主要由机架、导轨工作台面、传感器座、夹具、减速机、电机、移动工作台及控制系统等组成，减速机（活动扭转头安装在其输出轴端）和电机安装在移动工作台上（如图 2-25 所示）。

(2) 工作原理

扭转机的工作原理概述：参考整机结构如图 2-25。固定扭转头装在支承扭转传感器座右边，一端与扭转传感器相连，一端与试样相连；活动扭转头固定在减速机输出轴上，电机输出联轴器与减速机相连；移动工作台可以在导轨工作台面上左右平稳移动；试验时由电机伺服控制器（安装在主机内部）发出指令驱动电机转动，电机通过输出联轴器带动减速机转动，减速机通过安装在其输出轴上的活动扭转头对试样施加扭力从而实现试样的扭转试验。在试验过程中，电机转动，带动减速机转动，继而带动活动扭转头运动，从而使试样受力，扭转传感器产生输出信号；测控系统以单片机为核心，进行扭转试验控制及数据采集，采用高精度数据放大器及高精度 A/D、D/A 为主要外围电路，组成数据测量、数据处理等多个测控单元，把采集到的数据经过处理后送窗口显示或传输给计算机进一步处理。

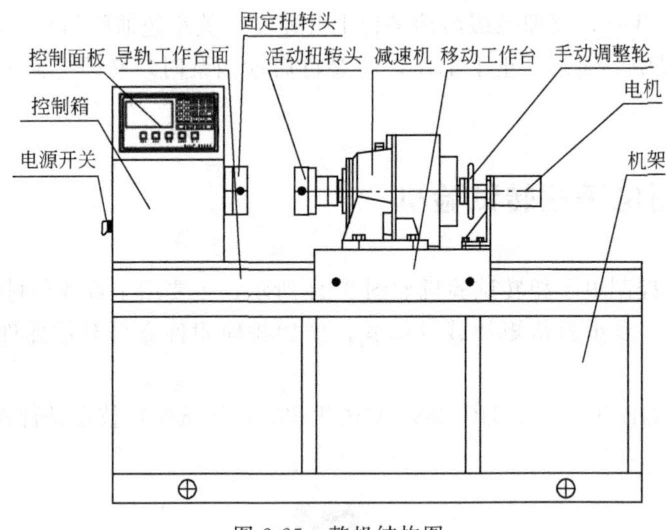

图 2-25 整机结构图

2.4.2 使用与操作

试样的制备：本机使用试样符合 GB/T 10128—2007《金属材料 室温扭转试验方法》的规定。

试样的安装：首先，打开主机电源开关，待测控系统完成开机自检后，按下“扭矩清零”和“扭角清零”按钮，然后根据试样的形状来确定所用夹块的夹头衬套的类型。

在试样装好后，如果扭矩显示窗口上显示的扭矩值不为零，则要按下“机械调零”键，调整减速机输入端的手轮至控制面板上“当前扭矩”显示窗口的数值为零，松开“机械调零”键，按压“扭角清零”，此时准备工作全部做好，可随时开始试验。

(1) 控制系统独立操作使用

系统通电后首先进入 5s 开机自检状态，自检时系统显示屏显示该机的满量程试验扭矩值。进入独立使用状态，显示主界面如图 2-26 所示。

按键功能介绍如下（控制面板图如 2-27 所示)。

① 试验开始：当试样已正确安装完毕，并且所需参数已输入完成后，按下该键即可进

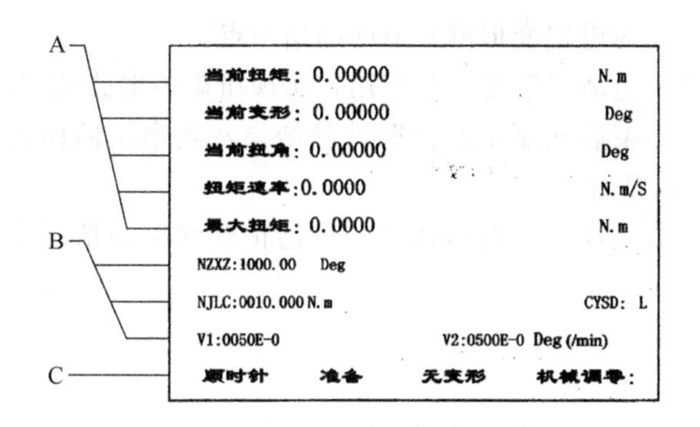

图 2-26　显示主界面图

A—测量数据区；B—一般状态指示区；C—工作状态指示区

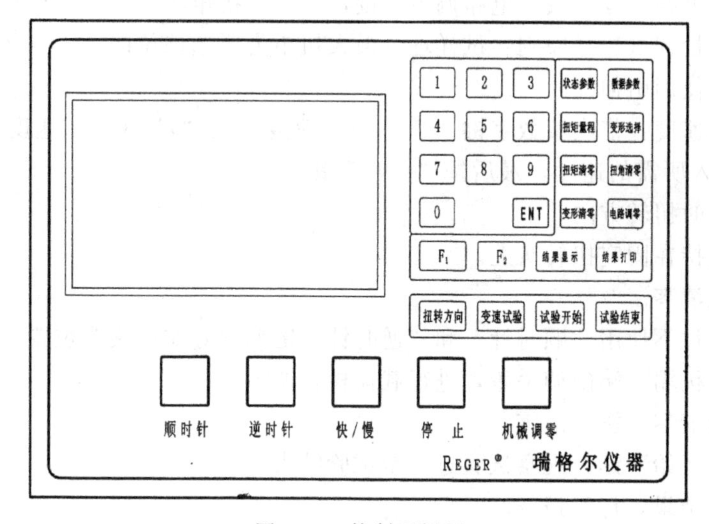

图 2-27　控制面板图

入试验过程。这时显示主界面的工作状态指示区“准备”字样变为“实验”，主机以“V1”指示的速度运行。

② 试验结束：当试验过程中需要人为地结束试验时，按下该键，机器停止运行，试验结束。这时显示主界面的工作状态指示区“试验”字样变为“准备”。

③ 变速试验：在试验过程中，当需要改变试验速度时，即可按下该键，这时试验机将切换为“V2”所指示的速度运行。

④ 扭转方向：选择试验开始后横梁的运动方向，由显示主界面中工作状态区的“顺时针”（或“逆时针”）来指示选择结果。

⑤ 状态参数：设定机器配置或进行机器标定时使用。

⑥ 数据参数：设置试验或打印所需的一些基本参数。

⑦ 扭矩量程：用来选择所需扭矩测量量程，每按一次该键，量程切换一挡（循环切换），共有 7 挡量程。

⑧ 变形选择：选择是否测量变形。选择结果由显示主界面的工作状态区的“无变形”（或“变形”）指示。

⑨ 扭矩清零：其功能为设定扭矩测量值的起始零点。

⑩ 扭角清零：设定当前扭转头位置为扭转起始零位。

⑪ 变形清零：其功能为设定变形测量值的起始零点。

⑫ 电路调零：与“扭矩清零”键一起使用，实现扭矩的电路调零功能。

⑬ 结果显示：试验结束后从显示器读取试验结果及观察试验曲线。在主界面状态下按下该键即可进入结果显示界面。

⑭ 结果打印：当试验完成后，在确认打印机已正确联机的情况下，按下该键即可打印出实验结果。

试验操作步骤如下。

① 检查各电缆连接是否完好。

② 通电预热 15min（先开主机，后开控制器）。

③ 按需要选择试样定位套及夹块。

④ 进行扭矩电路调零（按“电路调零”键，再按“扭矩清零”键，重复 2～3 次）。

⑤ 选择扭矩量程（选择原则：试样理论最大扭矩为所选挡位的 60%～70%）。

⑥ 选择是否使用引伸计。

⑦ 设置试验速度：依次按数字键“6”（第一速度）或“7”（第二速度）、“数据参数”键，按数字键输入所需的速度，最后按“ENT”键。

⑧ 选择试验时扭转方向。

⑨ 将试样夹持在固定扭转头上。

⑩ 进行扭矩清零。

⑪ 在慢速条件下使用“顺时针”和“逆时针”键调整好左端夹头位置，夹紧试样。

⑫ 调整减速机输入端微调手轮，进行载荷机械调零。

⑬ 进行变形清零，扭角清零。

⑭ 按“试验开始”键，观察试验过程至试验结束。

⑮ 观察试验结果，打印报告。

⑯ 继续试验返回步骤⑨。

⑰ 试验完毕，关机，清理现场。

（2）计算机软件联机使用说明

与计算机联机非常简单，只需在通信电缆正确连接的情况下，使用计算机的“联机”功能即可，控制系统无须做任何操作。联机成功后，控制系统显示器显示“PC 控制”字样，屏蔽控制系统的所有操作功能（调整按键除外），控制权交于计算机。

① 打开试验程序 REGER TEST，启动后的主屏幕显示如图 2-28 所示。

② 进入主屏幕以后，单击主屏幕菜单中“联机”项连接测控系统，连通后系统的显示窗口将显示“PC”字样，不显示“PC”字样表示未连通。

③ 主菜单的选项：包括新的试验、调出数据、保存数据、删除数据、打印报告、输出到 EXCEL 2000、退出。选择“新的试验”开始下一个试验；选择“调出数据”可调出以前保存的试验数据；选择“保存数据”可保存试验数据以便以后查询。

④ 系统配置：包括试验方式、硬件设置、软件设置、运行参数、环境参数、系统校验。选择“试验方式”可选择用户所需的试验方式；选择“硬件设置”可切换用户试验所要的扭矩传感器、角度传感器、位移传感器；选择“软件设置”可设置判断试样断裂时，试验要求的条件、是否试台返程等。如图 2-29 所示。

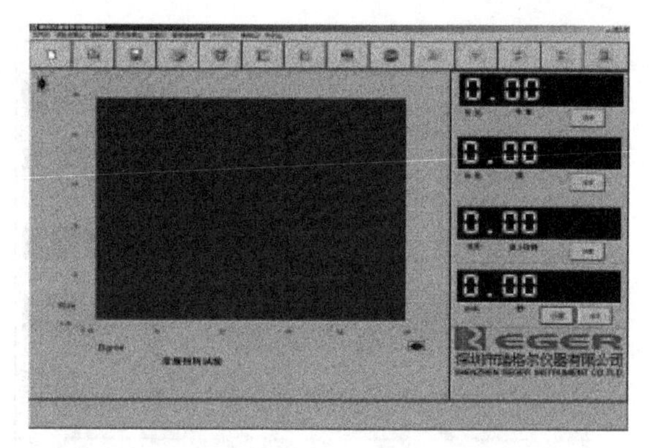

图 2-28　主屏幕显示

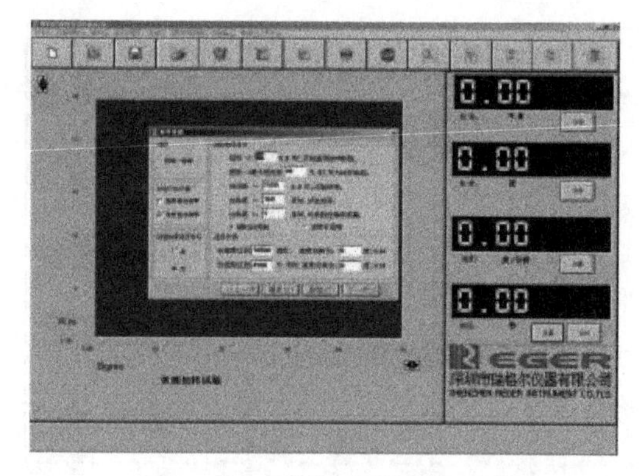

图 2-29　“软件设置”对话框

软件设置：

用户可以根据自己的需要，选择试验结束后扭转头是否返回起始位置，返回时以用户设定的“快速”键的速度返程。用户根据试样断裂时的特点填写断裂条件，有助于系统正确判断是否存在试样断裂。

① 文本框 1：填写扭矩大于等于多少（N•m)时，开始监测试样断裂。

② 文本框 2：填写扭矩小于等于最大扭矩百分之多少时，判断为试样断裂。当试样无须扭断而结束试验时请填写以下选项。

③ 文本框 3：填写扭矩大于等于多少（N•m)时，试验结束。

④ 文本框 4：填写角度大于等于多少（°）时，试验结束。使用变形传感器时当变形量接近满值时，为了安全应取下变形传感器，使曲线完整同时应填写下面的选项。

⑤ 文本框 5：填写角度大于等于多少（°）时，切换到角位移传感器。

⑥ 以角度条件切换：用户可在角度达到界面框内设定的角度时进行速度切换，切换后的速度为界面框内设定的速度。

⑦ 以扭矩条件切换：用户可在扭矩达到界面框内设定的扭矩值时进行速度切换，切换后的速度为界面框内设定的速度。

环境参数设置：设置打印报告所需的参数。如图 2-30 所示，介绍如下。

① 试样个数：定义一组试验的试样个数。

② 其余参数不参与试验，只作为打印报告的表头数据使用。修改参数时，可以通过键盘向组合框直接输入，也可以从组合框列表中选择以前输入的参数。如果输入的数据出现类型错误，系统将给以警告。修改完环境参数，单击“确定”键后，修改的参数会被保存。

运行参数设置：如图 3-31 所示。介绍如下。

① 纵坐标：用于直接调整扭矩的坐标满度。

② 横坐标：用于直接调整角度的坐标满度。

③ 试验速度：用于设置试验时所需要的速度，也可以通过主屏幕速度显示区的“设置”键来设置。

④ 标距：用于设置试样的原始标距。

⑤ 试样尺寸：用于输入试样的尺寸。如试样形状为板材，则表示宽度、厚度；试样形状为管材，则表示内径、外径；试样形状为棒材，则表示直径。

⑥ 试样号：选择一组试样中的某一个试样，也可以用四个箭头按钮选择。

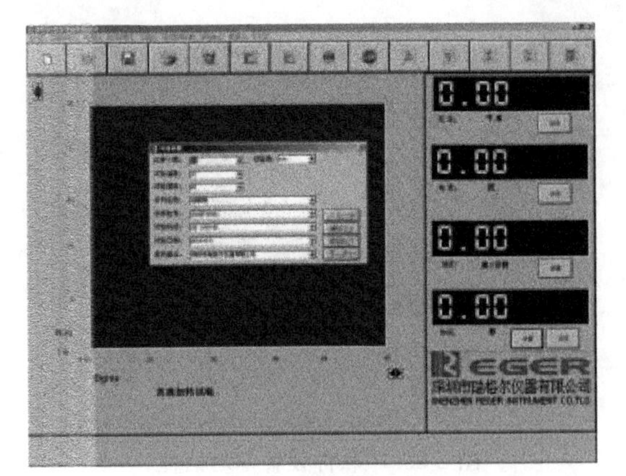

图 2-30 “环境参数”设置

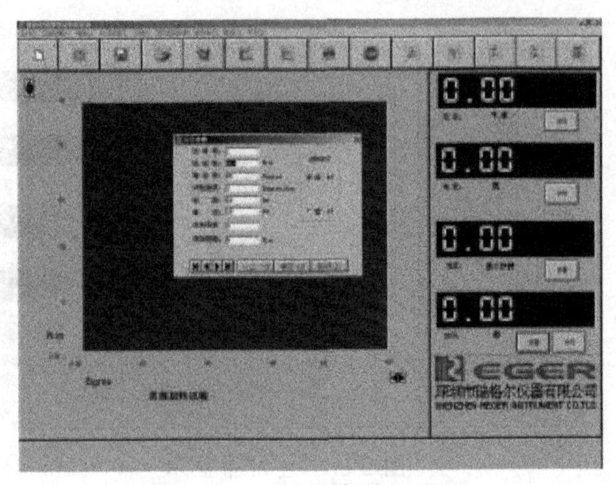

图 2-31 “运行参数”设置

⑦ 预加扭矩：试验中当达到预加扭矩时，此时变形点为变形零点。注意：输入数据后必须敲回车键，方被认为输入数据有效。

试验开始设置：用户在该复选框中根据需要选择扭矩自动清零、角度自动清零。开始试验，查看运行结果，打印实验报告。

2.5 机械式扭转试验机

NJ-100B 扭转试验机如图 2-32 所示，是对试件施加扭矩的专用设备，用于金属和非金属的扭转试验。装上扭角仪还可以测出材料的剪切模量 G。下面介绍的扭转试验机，采用直流电机无极调速机械传动加载系统，可以正反两个方向施加扭矩，用电子自动平衡随动系统测量扭矩，利用自动绘图装置绘出扭矩时的扭矩-扭角曲线。允许试件直径为 5～25mm，长度为 100～650mm，最大扭矩是 1000N•m。

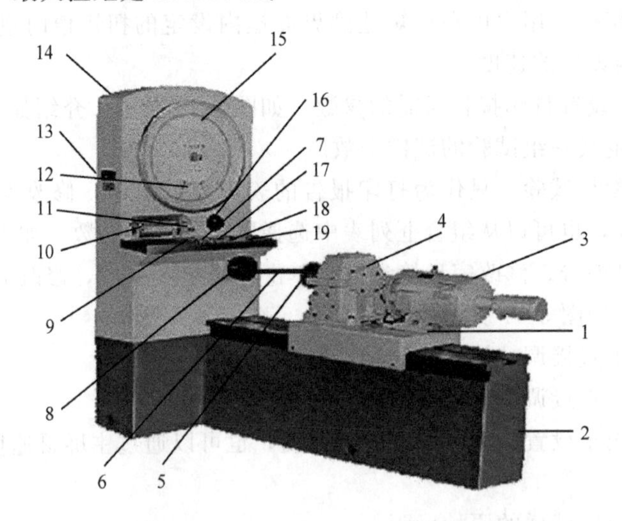

图 2-32 NJ-100B 扭转试验机

1—加载机构；2—机座；3—直流电动机；4—减速器；5,8—夹头；6—试件；7—电表；9—加载开关；10—自动绘图器；11—绘图器开关；12—指针；13—调零旋钮；14—测力计；15—度盘；16—量程选择旋钮；17—速度范围开关；18—调速电位器；19—电流开关

2.5.1　主要构造及工作原理

NJ-100B 扭转试验机由加载机构、测力系统和自动绘图器三部分组成。其构造原理如图 2-33 所示。

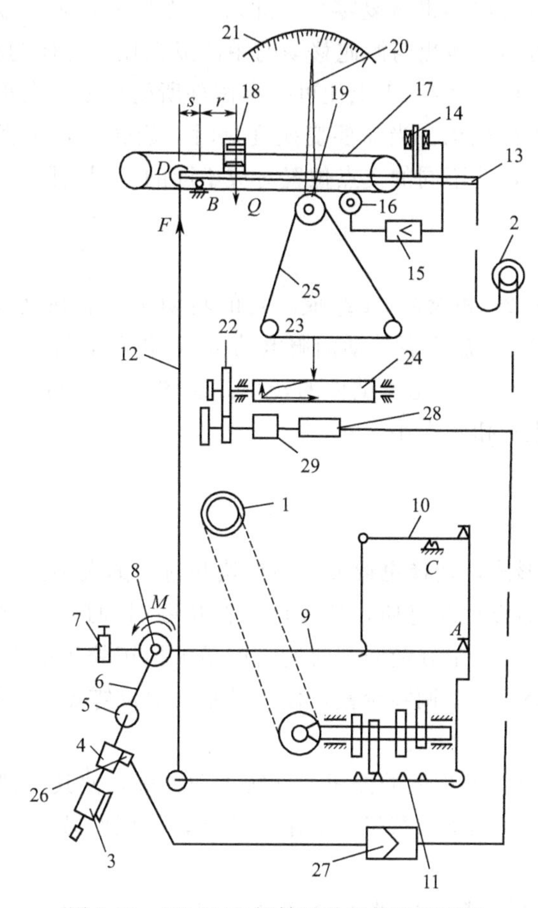

图 2-33　NJ-100B 扭转试验机构造原理图

1—量程选择旋钮；2—调零旋钮；3—直流电动机；4—减速器；5,8—夹头；6—试件；7—配重；9,10,13—杠杆；11—变支点杠杆；12—拉杆；14—差动变压器铁芯；15,27—放大器；16,28—伺服电动机；17,25—钢丝；18—游砣；19—滑轮；20—指针；21—度盘；22—齿轮；23—绘图笔；24—滚筒；26—自整角发送机；29—自整角变压器

(1) 加载机构

加载机构由直流电动机、两极蜗杆减速器组成。加载机构可在基座的导轨上自由滑动，夹头间距可调整范围为 0～620mm。加载时，操纵直流电动机 3 转动，经过减速器 4 减速，使夹头 5 转动，并对试件 6 施加扭矩。试验机的正反加载和停车可由操纵面板上的电动机按钮控制。为了适应各种材料扭转试验的需要，试验机具有较宽的调速范围，可连续调节加载速度，其转速由仪表显示。

(2) 测力系统

测力系统采用电子自动平衡装置，当夹头间的试件受到扭转后由夹头 8 传来扭矩，使杠杆 9 逆时针旋转，通过 A 点将力传给变支点杠杆 11（C 支点和杠杆 10 是传递反向扭矩用的），使拉杆 12 有一压力 F 压在杠杆 13 的刀口 D 上。杠杆 13 则以 B 为支点使右端翘起，推动差动变压器铁芯 14 移动发出一个电信号，经放大器 15 使伺服电动机 16 转动，通过钢丝 17 拉动游砣 18 水平移动，当游砣移动到对支点 B 的力矩 $M=Fr$ 时，杠杆 13 达到水平，恢复平衡状态，差动变压器铁芯也恢复零位。此时差动变压器无信号输出，伺服电动机 16 停止转动。由上述分析可知，扭矩与游砣移动的距离成正比。游砣的移动又通过钢丝带动滑轮 19 和指针 20 转动，这样在度盘 21 上便可指出试件所受扭矩的大小。试验机有四级度盘，采用了变支点杠杆及变表盘机构。当需要变换度盘时，旋转量程选择旋钮 1，经链条带动，改变变支点杠杆支点位置，使不同的支点位置对应不同的量程范围。

（3）自动绘图器

自动绘图器由绘图笔 23 和滚筒 24 组成。它的转动是由装在夹头 5 上的自整角发送机 26 发出电信号，经放大器 27 放大后带动伺服电动机 28 和自整角变压器 29 转动，通过齿轮 22 使绘图滚筒转动，其转动量正比于试件的转角。绘图笔 23 通过钢丝 25 由滑轮 19 拉动，使绘图笔的水平移动量表示扭矩大小。

2.5.2 操作步骤

① 根据试件的尺寸形式，选择更换夹头中夹块和衬套的大小。

② 由试件有效部分的直径和材质，估算试件被扭断时的最大扭矩，然后转动量程选择旋钮，选择相应的测力度盘。最好使断裂时所需的最大扭矩处于量程的 50%～80%的范围。按下电源开关，接通电源，转动调零旋钮，使主动指针对准零点，并将被动指针转至与主动指针重合。

③ 安装试件。按下操纵面板上的按钮，旋转主动夹头，使其上刻度环零点与指针重合。将试件的一端插入夹头中，调整加载机构做水平移动，使试件另一端插入夹头中，再用内六角扳手卡紧试件。

④ 选择好速度范围开关挡，将速度范围开关置于（0°～360°)/min 或（0°～36°)/min 处，调速电位器置于零位。

⑤ 如果需要记录试验过程中扭矩和扭角的关系曲线（T-$\Delta\varphi$ 曲线），应在加载前调好自动绘图装置，装好绘图纸、笔和墨水，接好传动齿轮，打开绘图器开关。

⑥ 加载。将电动机开关“正”（或“反”）按下，逐渐增大调速电位器的刻度值，调节加载速度，操纵直流电动机转动，并对试件施加扭矩。

⑦ 试件断裂后立即停机，取下试件。若试件未断裂，可反向卸除载荷，退出夹头，断电，将试验机复原。

2.5.3 注意事项

① 一旦试件承受了扭矩，测力指针已经转动，就不允许再改变量程选择旋钮。

② 使用 V 形夹夹持试件时，必须夹紧，以免试验过程中试件打滑。

③ 试验时，若发现异常现象，应停机，查出故障原因，待修复后方可再启动电机做实验。

④ 拧动加载速度调节旋钮时要缓慢进行，即先用低速加载，达到一定变形后，再调到所需速度进行加载。

⑤ 机器运转时，操作者不得擅自离开。

2.6 液晶显示冲击试验机

RXJ-300 液晶显示冲击试验机用于测定金属材料在动负荷下抵抗冲击的性能，以便判断材料在动负荷下的性质。

本试验机为半自动控制试验机，操作简便，工作效率高，在冲断试样后利用剩余能量即自动扬摆，准备做下次冲击试验，所以在连续做冲击试验的实验室和大量做冲击试验的冶金、机械制造等行业领域更能体现其优越性。

本试验机按国家标准 GB/T 3808、GB/T 229 及国际标准 ISO 148 等对金属材料进行冲击试验。最大冲击能量 300J，并带有 150J 摆锤一个，所用试样断面尺寸为 10mm×10mm，试验机具有较大的冲击能量，所以主要供试验冲击韧性较大的黑色金属，如钢铁及其合金之用。

2.6.1 主要结构和工作原理

（1）试验机结构

RXJ-300 液晶显示冲击试验机由以下部分组成：机身、传动机构（取摆锤）、挂脱摆机构、自动扬摆信号装置、液晶控制仪表、摆锤、防护装置、电气部分。如图 2-34 所示。

（2）工作原理

试验机控制面板如图 2-35 所示。

① 扬摆：按动“扬摆”键，通过继电器 1J、2J、3J 和离合器 CH、接触器 1C 的动作接通电机 LD，摆锤扬至最高位置后，碰动微动开关 WK，电动机停转，其他电器线路复位，保险销伸出。

② 退销：按动“准备”键或者“校正”键，都能使保险销推销。

③ 冲击：按动“试验”键，接通阀用电磁铁 DT，实现落摆冲击，并能使全部电器线路复位。

④ 自动扬摆：当摆锤向扬摆方向转动，并且当它的转动角速度大于某个值时，继电器 1J、2J 接通；当摆锤角速度逐渐下降至小于某个值时，继电器 3J 动作，这时接通离合器 CH 和接触器 1C，使电动机转动，进行扬摆。

⑤ 放摆时，一直按住“放摆”键，直到摆杆垂直时松开“放摆”键，如果仍然有摆动可按后面的“制动”键制动。

2.6.2 操作步骤

（1）机械部分

① 接通电源开关，指示灯亮。

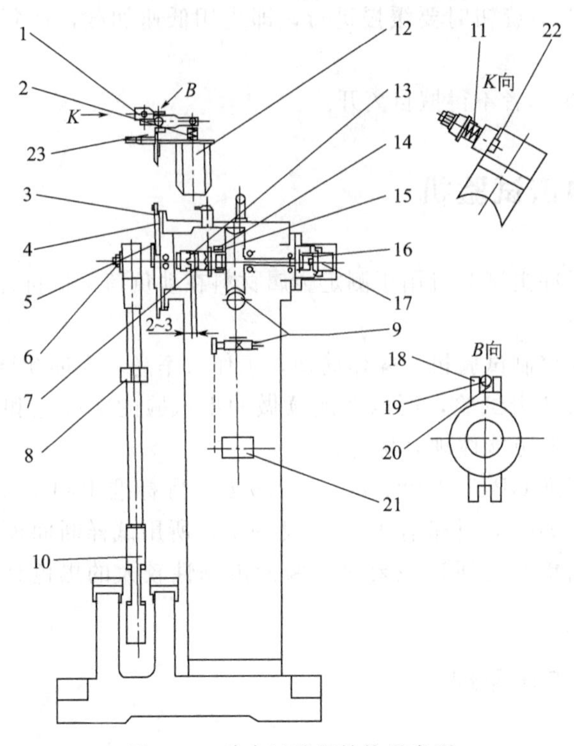

图 2-34　冲击试验机结构示意图

1—挂脱摆机构；2—压缩弹簧；3—标度盘；4—指针；5—拨针；6—压紧螺母；7—电磁离合器；8—挂钩；9—蜗杆；10—摆锤；11—微动开关；12—阀用电磁铁；13—盖板；14—调整螺母；15—螺钉；16—弹簧片；17—伺服电动机；18—动触片；19—动触销；20—绝缘套管；21—电动机；22—阻尼杆；23—保险销

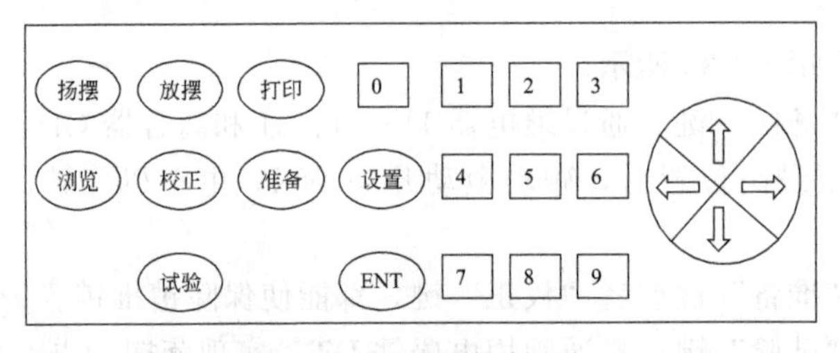

图 2-35　试验机控制面板

② 按动“扬摆”按钮，主电动机应转动（此时若发现摆锤顺时针转动，应停止，并改变电源相位），电磁离合器撞压阻尼杆，微动开关应处于放松状态，此时主电动机应停转，电磁离合器应脱开，保险销伸出，摆锤靠自重挂于挂脱摆机构上。

需要冲击时，先按动“准备”按钮，然后按“试验”按钮。当按动“试验”按钮时，阀用电磁铁通电，顶动挂脱摆机构脱摆，摆锤即落摆锤冲击→自动扬摆→挂摆，保险销伸出；当需要放摆时，按住“放摆”按钮，保险销退回，阀用电磁铁通电，顶动挂脱摆机构向下转动，电磁离合器吸合，主电动机转动，摆锤顺时针方向回转，当转至铅垂位置时，放开按钮即可停摆。

③ 空击试验主要是为了了解试验中由于摩擦等所引起的能量损失是否过大或超过规定数值。空击试验时，冲击摆在一次摆动过程中消耗于各种阻力中的能量，对于 300J 摆锤能量损失允许小于等于 1.5J，对于 150J 摆锤能量损失允许小于等于 0.75J，如果超过规定数

值，则要检查制动带在冲击过程中与摆轴是否有磨损现象。若经过检查及适当调整后指针仍未达到上述要求，则必须检查试验机的安装是否正确，摆轴是否水平，以及摆轴两端的滚珠轴承是否清洁灵活，直至达到上述要求。

④ 支座跨距及其与刀刃的相对位置调整，如图 2-36 所示。试验时两钳口的跨距应为 40mm（或 70mm），钳口的位置须与摆锤上的刀刃相对称。钳口跨距及位置的调整可利用样板来进行。调整时首先松开螺钉将两个支架的距离稍稍拉开一些，将样板平放在两个支架上，放下摆锤，并使刀刃顶入样板上 30° V 型缺口内，用手将两个支架推向样板，直到钳口的头部顶紧样板，然后旋紧螺钉使支架可靠地被压牢于钳口座上即可。

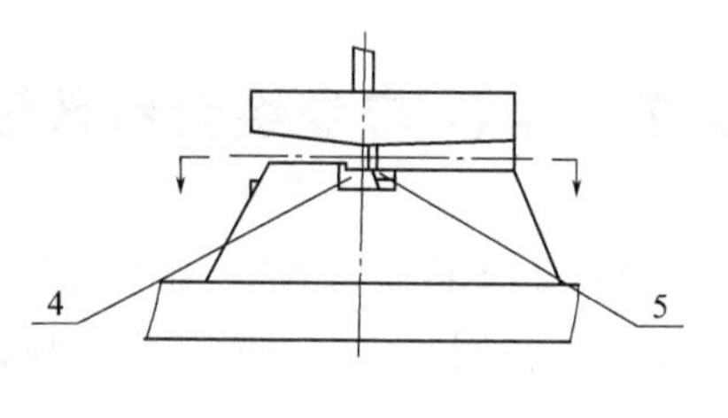

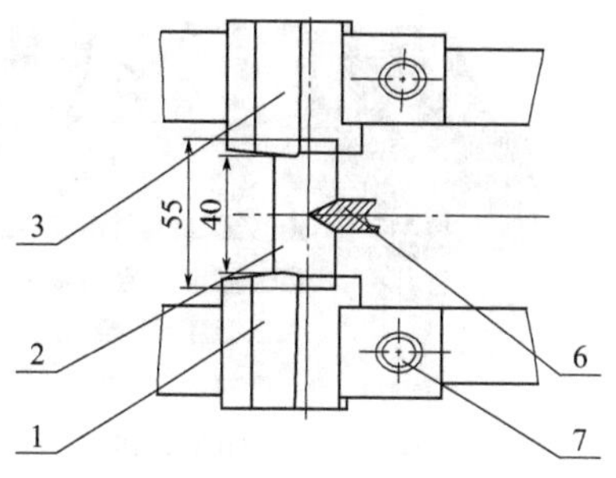

图 2-36 跨距调整图

1,3—钳口；2—跨距找正块；4—支架；5—压块；6—冲击刀；7—螺钉

（2） 电气部分

① 开机，2s 左右显示“简支”字样，根据试验的情况进行相关参数的设置。

② 装好试样，将摆锤提到预置的高度挂好。

③ 按“准备”键，进行摆锤能量、试样序号的确认。每次按“准备”键，自动加 1。当序号 9 中有采集的数据时，按“准备”键显示“数据满”。如不进行序号的调整，此后采集的数据将覆盖掉序号 9 中的数据。

④ 确认无误后，按“试验”键进行数据采集，并释放摆锤进行冲击试验。如需进行破坏类型记录，可用⇧或⇩键选择。

⑤ 校正过程：用于小能量状态需要校正时对摩擦损耗的校正。并在设置中将“数据校正”设置为“是”。

⑥ 参数输入操作过程：“设置”→ ⇧或⇩选项→“ENT”确认选项→数字输入或⇧ ⇩选择；如果输入中有误，可用⇦退格→“ENT”。

⑦ 数据修正：如果由于各种误差，显示的数据与标准值有少许偏差，则在检定时需要修正数据。按“设置”键进入设置后，先要进行摆锤型号及试验类型的设定，这样修正时才会与特定的每只摆锤相对应。用⇧ ⇩选择修正项，按“ENT”确认，输入密码，提示是否要修正数据，需要时确认并按⇧ ⇩选择（修正功能可以通过选择“无”来关闭），然后输入一遍需要修正的标准值及采集值即可。

2.6.3 注意事项

① 不得随意打开控制箱。

② 禁止带电插拔连接器。

③ 注意应良好接地。

④ 试验时，按下“扬摆”键，如果扬摆方向与实际的方向相反，应立即关闭电源，任意调试三相电源中的两相，然后再试验。

⑤ 当摆锤在扬摆过程中尚未挂于挂摆机构上时，工作人员不得在摆锤摆动范围内活动或工作，以免偶然断电而发生危险。

⑥ 试验完毕后，摆锤要落放在铅垂位置，切断电源。

⑦ 放摆时按住“放摆”按钮，摆锤顺时针回转，转到铅垂位置时，松开“放摆”，即可停摆。

2.7 力 & 应变综合参数测试仪

XL2118 系列力 & 应变综合参数测试仪如图 2-37 所示，是采用最新嵌入式 MUC（微控制单元）控制技术、显示技术、模拟数字滤波技术等设计的一款仪器。

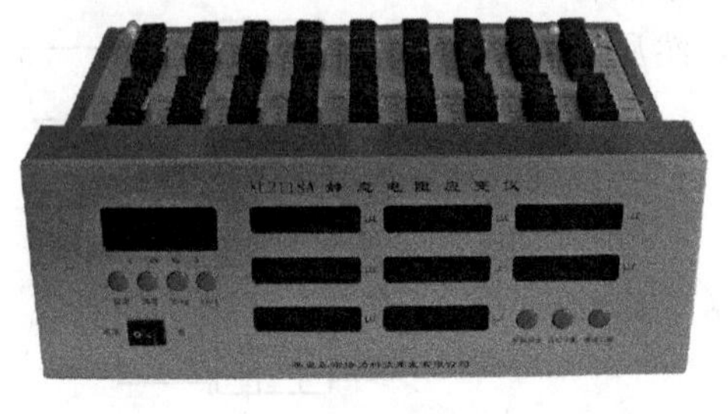

(a) XL2118A

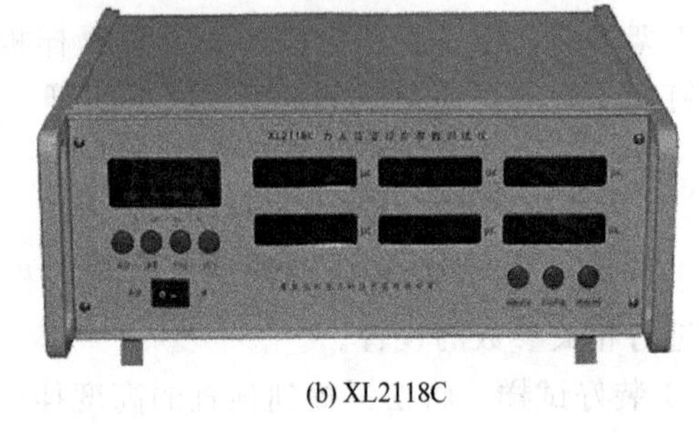

(b) XL2118C

图 2-37 力 & 应变综合参数测试仪

该综合参数测试仪通过配接各类材料力学多功能实验台，适合各理工科大专院校作为电测法材料力学实验使用。该综合参数测试仪采用七或九屏 LED 同时实时显示，测力（称重）与通用应变测量同时并行工作并且互不影响。测力部分通过对传感器参数的正确设置，能适配多数应变式力传感器；仪器平衡采用现代应变测试中常用的预读数法进行桥路平衡，可增强使用者对现代测试尤其是虚拟仪器测试的基本概念和使用方法的了解。主要性能特点如下：

① 全数字化智能设计，操作简单，测量功能丰富，并可选配计算机网络接口及软件，由教师用一台微机监控多台仪器学生实验的状况。

② 组桥方式全面，可组 1/4 桥、半桥、全桥，适合各种力学实验。

③ 配接力传感器测量拉、压力，传感器配接范围广，精度高（0.01%）。

④ 测点切换采用进口优质器件程控完成，减少因开关氧化引起的接触电阻变化对测试结果的影响。

⑤ 采用仪器上面板接线方式，接线简单方便；接线端子采用进口端子，接触可靠，不易磨损。

⑥ 具有一个测力窗口和六或八个应变测量窗口，使各测点在不同载荷下的应变同时显示出来，显示直观清晰，在一般情况下，不必进行通道切换即可完成全部实验。

2.7.1 主要结构及工作原理

（1）测试仪的结构（以 XL2118C 为例）

① 前面板：测试仪前面板如图 2-38 所示，各组成部分如下。

1——力值（载荷值）显示窗口。加载力值显示。

2——力值（载荷值）测量单位指示。设有“t”“kN”“kg”“N”四个显示单位，并具有测量单位指示灯，当选中某一单位时对应的指示灯亮。

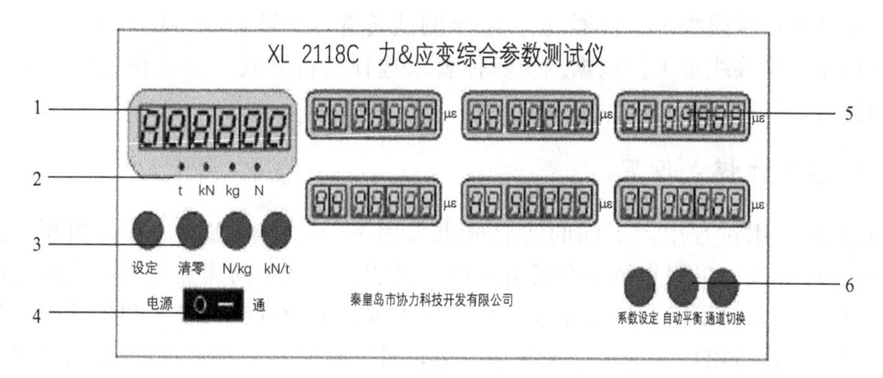

图 2-38　测试仪前面板

3——力值（载荷值）测量功能键。由左至右设有“设定”“清零”“N/kg”“kN/t”四个功能按键，四个功能按键在标定状态和测量状态下具有不同的含义。

4——电源开关。开启/关闭仪器电源。

5——六窗应变测量值显示窗口。每次显示六个测试通道应变测量值；两位通道序号显示，五位应变值显示。

6——应变测量功能键。由左至右设有“系数设定”“自动平衡”“通道切换”三个功能按键，三个功能按键在仪器工作模式系统设置、灵敏系数设置时及测量状态下具有不同的含义。

② 后面板：测试仪后面板如图 2-39 所示，各组成部分如下。

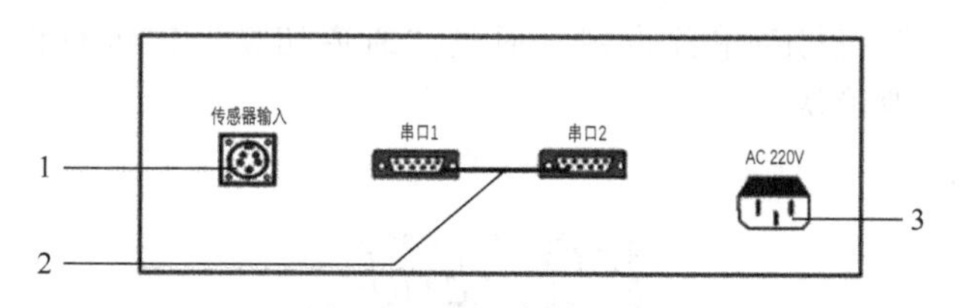

图 2-39　测试仪后面板

1——传感器输入插座。连接应变式载荷传感器。

2——计算机网络通信接口。串口 1 连接计算机或上一级仪器串口 2，串口 2 连接下一级仪器串口 1。

3——电源插座。220V 交流电源输入插座，内置保险管 2 个。

③ 上面板：测试仪上面板如图 2-40 所示，各组成部分如下。

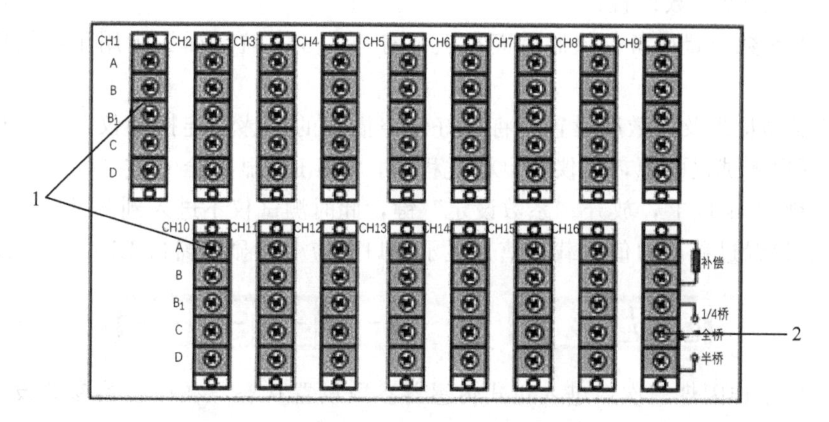

图 2-40　测试仪上面板

1——测试通道接线端子。仪器具有 16 个测试通道，编号 CH1～CH16。

2——桥路选择接线端子。根据测量具体要求选择组桥方式，并且作为 1/4 桥（半桥单臂）测量时的公共补偿端。

(2) 仪器工作模式设置

因为在具体使用过程中，不同的实验要求采用不同的组桥方式，具体组桥方式有 1/4 桥、半桥和全桥方式。采用半桥或全桥方式时，可能会遇到不同测点之间应变片灵敏系数不同的情况，此时则需对不同的测点单独设置，所以本仪器设有统一设定和单独设定的设定方式。“统一设定”是指用户设定一个灵敏系数值，对所有的测点均生效；“单独设定”是指用户对每个测点灵敏系数逐一进行设定，此方式适合半桥或全桥测量时使用不同电阻应变片的测量方式。具体设置操作如下：

测试仪在开启电源后，仪器进入自检过程中，即 LED 显示全 8 或“2118”字样时按住“系数设定”键约 3s 以上，放开“系数设定”键，此时未进入到测试状态，而是直接进入到系统设置状态。应变显示窗口的右下角显示窗口显示操作步骤和设置选择内容。进入系统设置后可以进行灵敏系数设定方式选择，及监控状态时仪器编号设定。

① 灵敏系数设定方式选择仪器编号 C1。LED 显示如下：

ALL/ONE 表示统一设定/单独设定，通过“通道切换”键进行设定方式选择，通过“系数设定”键进行更改确认。

LED 显示如下：

CC -End-

② 系统设定完成后，将仪器电源关闭，再次开启仪器电源后，仪器新的工作模式生效。

(3) 测量参数设置

力 & 应变综合参数测试仪初次使用时应先进行测量参数设置。测量参数设置分为测力模块配接应变式传感器参数设置，及应变测量模块中所使用的电阻应变片灵敏系数设置。

测力模块传感器参数设置：

① 传感器参数设置准备。仪器后面板上装有一个 5 芯航空插头座用于连接应变式拉压力传感器。

② 传感器满量程及灵敏度设置。将焊好航空插头的传感器连接到仪器后面板传感器输入插座上，开启测试仪电源，在仪器自检过程中，即 LED 显示全 8 或“2118”字样时按住“系数设定”键约 3s 以上，放开“系数设定”键，此时测试仪不进入到测试状态，而是进入到传感器参数设置过程。力值（载荷值）显示窗口和应变值显示窗口 LED 将显示如下字样。

CAL- F　　-- -------

“CAL-F”字样闪烁三次后进入正式传感器参数设置状态。在传感器参数设定状态，各功能键将被重新定义。

传感器满量程设置：该仪器传感器满量程出厂默认值为 F-10000，单位为 N。适配传感器满量程范围共设置 13 个挡位，数值分别为 1\2\5\10\20\50\100\200\500\1000\2000\5000\10000。LED 显示如下：

设置过程通过按“kN/t”键循环变换传感器满量程，按“清零”键循环变换测试单位 t/kN/kg/N，确定完传感器满量程和测试单位后，按“设定”键进行确认。确认后自动进入传感器参数设置第二步——传感器灵敏度设置。

该仪器传感器灵敏度默认值为 2.000（传感器灵敏度单位为 mV/V）。适配传感器灵敏度范围为 1.000～3.000mV/V。LED 显示如下：

通过按“N/kg”键循环移动闪烁位，按“kN/t”键循环变换闪烁位数值（最左端数值 1～3 变换，其余数值 0～9 循环递增变换）。传感器灵敏度设置完按“设定”键确认。完成此步骤即完成测试仪测力模块传感器参数设置。LED 显示如下：

传感器参数设定完成后，将仪器电源关闭，再次开启仪器电源后，仪器新的传感器参数将生效。

应变测量模块测量参数设置：

① 应变测量参数设置准备。实际测量时，用户需对应变片的灵敏系数进行设定，以便得到准确的应变测量值，应变片的具体参数可参阅应变片厂家提供的数据。在实际测量过程中，为方便用户使用，该仪器对于应变片灵敏系数设置方法有两种：统一设定和单独设定。工作模式设定方法详见前面“仪器工作模式设置”中的介绍。

② 电阻应变片灵敏系数设置。力 & 应变综合参数测试仪出厂默认为统一设定，灵敏系数 K 为 2.00。应变测量模块面板上的三个功能键在应变片设定状态将被重新定义。

a. 应变片灵敏系数统一设定。打开仪器电源，仪器自检完进入测量状态后，按住“系数设定”键约 3s 以上，放开“系数设定”键，仪器右下侧显示窗口 LED 显示如下字样：

“SEtUP”字样闪烁三次后进入正式应变片灵敏系数设定状态。LED 显示如下：

通过“自动平衡”键循环移动闪烁位，通过“通道切换”键循环变换闪烁位数值（最左端数值 1～3 变换，其余数值 0～9 循环递增变换），修改完毕，按下“系数设定”键进行确认，新的灵敏系数将生效，仪器自动返回测量状态。

b. 应变片灵敏系数单独设定。当用户使用不同灵敏系数应变片时，需要对每一个测点单独设定应变片灵敏系数，此时需将仪器工作模式设定为“单独设定”。单独设定开始步骤与统一设定相同。

打开仪器电源，仪器自检完进入测量状态后，按住“系数设定”键约 3s 以上，放开“系数设定”键，仪器右下侧显示窗口 LED 显示如下字样：

S EtUP

“SEtUP”字样闪烁三次后进入正式应变片灵敏系数设定状态。LED 显示如下：

01 2.00

灵敏系数修改完毕，按下“系数设定”键进行确认，此时仪器并不返回到测量状态，而是进入到下一个测点的灵敏系数设定，LED 显示如下：

02 2.00

灵敏系数设定直到第 16 个测点设定完后，LED 显示如下：

16 2.00

确认后，仪器自动返回测量状态。

如果需要更改的测点数少于 16 个测点，即在设定过程中想中断设定，则按测力模块中的“设定”键进行终止。更改确认的新灵敏系数将生效，未经更改的灵敏系数仍为仪器原来存储的灵敏系数。仪器自动返回到测量状态。

到此，力 & 应变综合参数测试仪所有设置和标定就全部完成了。

2.7.2 测量操作

测量状态、传感器及测试用电阻应变片等均未改变时，仪器在预热 20min 左右后即可直接进行测量工作。如以上条件有改动，则需进行仪器工作模式、传感器或电阻应变片等参数重新设置，设置完毕后仪器预热 20min 左右即可进行测试。测试时将传感器接入仪器后面传感器输入插座上，根据具体测试要求合理组桥后将电阻应变片接到仪器端子上。

(1) 力值（载荷值）测量操作

测量状态下力值（载荷值）测量模块各键功能如下。

“设定”键：开机自检时按下该键，仪器进入传感器参数设置状态；测试状态时该键将被锁定。

“清零”键：仪器接入传感器后清除初始零点。仪器显示窗口显示为“0”。

“N/kg”“kN/t”键：测量单位“N”和“kg”、“kN”和“t”之间转换，初始测量单位设定二者之一时起作用，反之该键将被锁定。

(2) 应变测量操作

应变测量时，根据测试的具体要求选择适当的组桥方式，具体组桥方式及接线在后文介绍。测量状态下应变测量模块各键功能如下。

“系数设定”键：进行电阻应变片灵敏系数修正。

“自动平衡”键：该操作对仪器全部测点进行自动扫描，即从第 01 号测点到 16 号测点进行桥路平衡（预读数法），桥路自动平衡后自动返回测量状态。自动平衡时应变测量模块 LED 显示如下：

“通道切换”键：测量通道切换。按键一次，当前应变测量显示翻屏，并显示相应的测点序号及对应侧点的测量应变值；仪器按键二次即可观察完仪器 16 个测点的测试数据。

（3）应变测量组桥方式

测试仪主机由 16 个测点和 1 个桥路选择（1/4 桥公共补偿）组成。实际测量中，可根据实际测量要求选择不同的组桥方式。一般常用的组桥方式有 1/4 桥（半桥单臂）方式、半桥方式和全桥方式。

① 1/4 桥（半桥单臂）组桥方式。1/4 桥组桥方式为采用一只电阻应变片作为工作片，公共补偿的组桥方式。具体接线时将工作应变片的连接导线接到仪器测点的 A、B 点上，公共补偿应变片接到桥路选择端补偿位置的 A、D 点上，同时将桥路选择“1/4 桥”，即将 D1、D2 点用短接线短接并将螺钉拧紧。测试点位置将 B1 和 B 点用短路片短接并将螺钉拧紧。接线如图 2-41 所示。

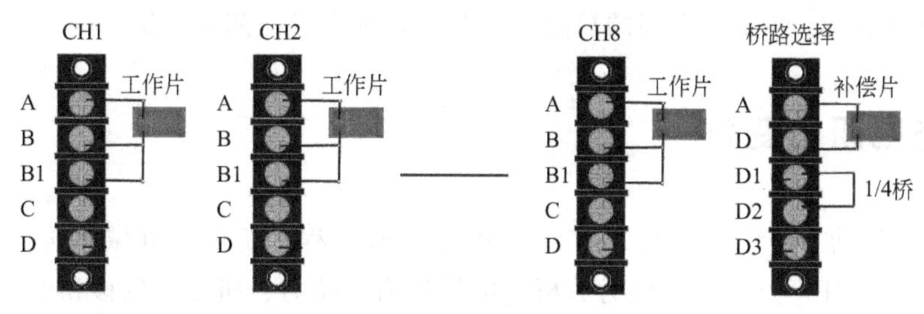

图 2-41　1/4 桥组桥方式

② 半桥组桥方式。半桥组桥方式是两只电阻应变片均为工作片的组桥方式。将两只工作应变片的连接导线接到仪器的 A、B 点和 B、C 点上，桥路选择端的补偿位置 A、D 点悬空，同时将桥路选择“半桥”，即将 D2、D3 点用短接线短接并将螺钉拧紧，必须将 B 和 B1 间的短路片断开。接线如图 2-42 所示。

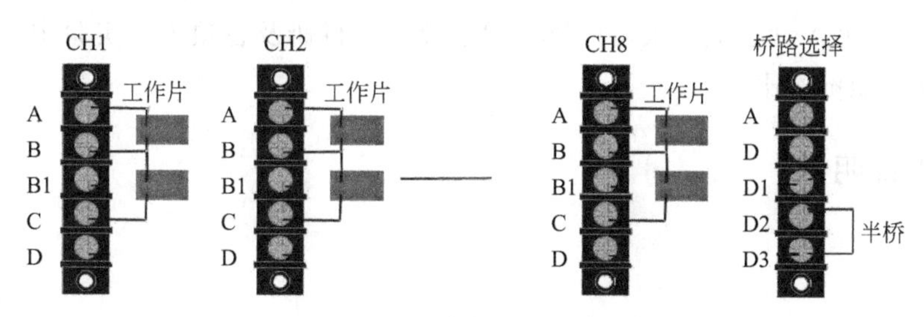

图 2-42　半桥组桥方式

③ 全桥组桥方式。全桥组桥方式是四只电阻应变片组成一个完整的桥路的组桥方式。将四只应变片的连接导线接到仪器的 A、B，B、C，C、D 和 D、A 上，桥路选择端的补偿位置 A、D 点悬空，同时将桥路选择端短接线悬空，必须将 B 和 B1 间的短路片断开。接线如图 2-43 所示。

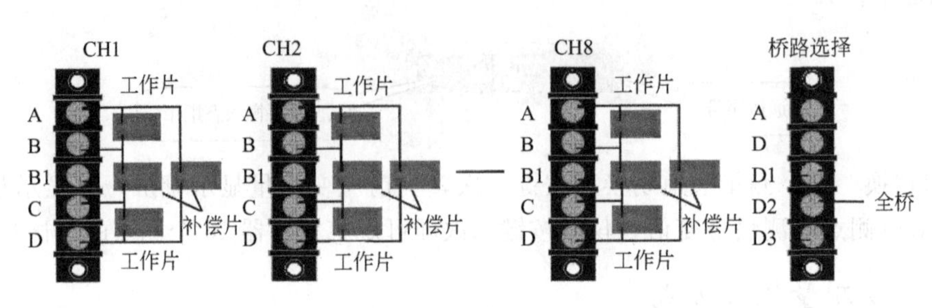

图 2-43　全桥组桥方式

2.7.3　注意事项

① 开关机时间间隔不得少于 10s，以免造成仪器显示异常。

② 因单片机本身功能限制，单位转换过程会产生转换误差，因此最好使用设定时设置的单位进行测量；另清零时如一次清不了，可多按几次“清零”键。

③ 仪器每个测点上除标有组桥必需的 A、B、C、D 四个接点外，还设计了一个辅助接点 B1 点，B1 点只在 1/4 桥路方式时使用，将 B1 点和 B 点用短路片短接；半桥方式和全桥方式测量时必须将 B1 点和 B 点间的短路片断开，否则会影响测量结果。

2.8　动态电阻应变仪

XL2102 系列动态电阻应变仪可广泛应用于土木工程、桥梁、机械结构的实验应力分析，和结构及材料任意点变形的应力分析。配接压力、拉力、扭矩、位移和温度传感器，对上述物理量进行测试。因此该系列仪器在材料研究、机械制造、水利工程、铁路运输、土木建筑及船舶制造等行业得到了广泛应用。

XL2102A 动态电阻应变仪（如图 2-44 所示）采用专有电路进行精心设计，实现自动桥路平衡，因而平衡精度高，零点稳定性好，深受用户喜爱。XL2102A 动态电阻应变仪采用多通道组合式结构，在主控通道采用 5 位 LED 显示各通道电桥零点值，显示精度高，直观清晰。因此 XL2102A 动态应变仪可广泛应用于教学、科研及各项工程实验中的动态应变测量，具有极高性能价格比。

2.8.1　面板说明

(1) 前面板

动态电阻应变仪前面板如图 2-45(a) 所示，各组成部分如下：

图 2-44 XL2102A 动态电阻应变仪

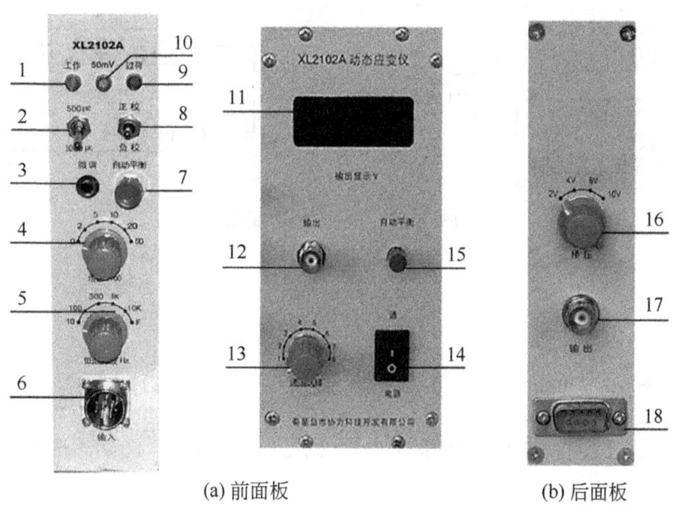

(a) 前面板　　(b) 后面板

图 2-45 XL2102A 动态电阻应变仪面板图

1——工作指示灯，接通电源后点亮。

2——校准值选择开关，范围 500～1000$\mu\varepsilon$。

3——电桥平衡微调电位器，进行电桥零点微调，范围±100$\mu\varepsilon$。

4——输出增益选择开关，挡位有 0，2×100，5×100，10×100，20×100，50×100。

5——低通滤波选择开关，挡位有 10Hz，100Hz，300Hz，1kHz，10kHz，F。

6——电桥输入插座，用于信号输入。

7——自动平衡按钮，进行测量电桥平衡。

8——工作方式功能选择开关，有正校/负校方式选择。

9——过荷指示灯，仪器输出超过额定输出时点亮，此时应适当降低增益。

10——50mV 指示灯，当零点超过 50mV 时点亮，此时进行电桥零点微调。

11——显示窗口，电桥零点值显示，单位：V。

12——BNC 插座，各通道信号选择输出。

13——通道选择输出开关，各通道输出选择。

14——交流电源开关，开启/关闭仪器交流电源。

15——测量通道电桥总平衡开关，对仪器所有通道进行电桥平衡。

（2）后面板

动态电阻应变仪后面板如图 2-45(b) 所示，各组成部分如下：

16——桥压选择开关，测量桥压可选择 2V、4V、6V、10V 挡位。

17——BNC 插座，用于信号输出。

18——转接插座，通道电源输入，通道信号输出。

2.8.2 组成及结构

XL2102A 动态阻应变仪可以配接各种类型的应变片及应变式传感器，后续记录分析仪器可以是输出电压型或功率型，其典型测试框图如图 2-46 所示。

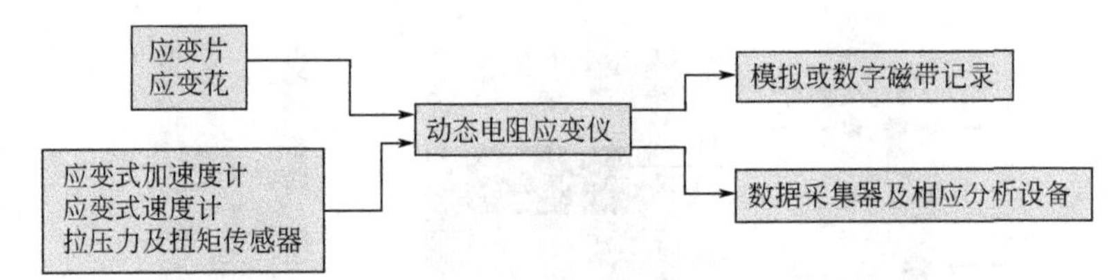

图 2-46 典型测试框图

2.8.3 使用方法

（1）功能选择

① 桥压选择。该仪器提供了四挡桥压——2V、4V、6V、10V，选择开关在相应测试通道的后面板上。

桥压选择的原则：桥压供电电流不允许超过 30mA，即 $V_{桥}/R_{桥}$ 应小于 30mA；不能超过应变片要求的电流值，但当测量短时小信号动态应变时，可允许供桥电流 50mA，以提高测量信号的信噪比。

② 应变片与桥盒的连接。桥盒是应变测量元件与应变仪连接的桥梁，因此熟悉桥盒的结构和连线方法是十分必要的。图 2-47 列出了桥盒的引线及原理图，图中电阻为标准 120Ω，使用非标准应变片时，应使用全桥或半桥测量。

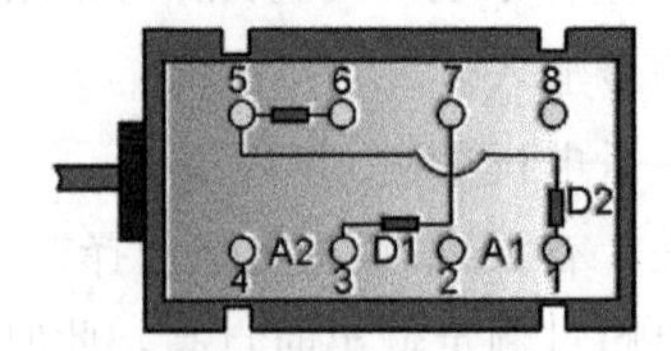

图 2-47 桥盒引线及原理

1—供桥电压负端；2—输入信号正端；3—供桥电压正端；4—输入信号负端；5—内半桥输出端；6—内半桥桥压端；7—内 1/4 桥输出端；8—屏蔽端（接壳体）

注意：使用标准120Ω应变片测量时，安装前要使应变片及连线总阻值控制在120Ω（±1%）范围内，否则电桥不能平衡。为防止外部电磁干扰，应变片和桥盒之间的连线应采用屏蔽线。图2-48列出了不同电桥方式的接线方法及原理图。

（2）测试准备

① 根据测量要求选择要连接的桥路形式，按图2-48接好测量桥盒，将桥盒接入输入插座并选择适当的桥压。

② 连接好电源线；同时连接输出线至记录分析设备。

③ 合理设置低通滤波截止频率点。选取原则：低通滤波频率截止频率点一般选择测试频率的2倍以上，当没有合适的频率点时选取邻近的较大低通滤波截止频率；在要求测量幅值比较严格的情况下，应选取较大低通滤波截止频率，以满足幅值衰减不大于0.5dB。

（3）初始调节

① 开启XL2102A动态电阻应变仪电源开关后，可按各测量通道的自动平衡按钮，也可按主控通道的总平衡按钮，观测电桥是否能调整到满足要求的零点值。

注意：如按动自动平衡按钮，电桥不能平衡，即相应通道的50mV指示灯或过荷灯亮，应检查相应通道电桥连线是否正确或应变片阻值是否符合要求。如按桥路平衡按钮后，50mV指示灯点亮，应使用自动平衡按钮下的电位器进行微调，直至满足测量要求为止。当旋转电位器无法调节时，回旋几圈电位器再进行微调。

② 给定校准值。根据欲测量对象的应变值范围选择增益旋钮的位置，使被测输出值达到后端分析记录仪表输入范围的50%～80%。

③ 完成上述调节后，经预热10～30min后，给定正负校准值就可以进行正式测量了。正/负校可使用测量通道上的正/负校开关。

2.8.4 注意事项

① 测量过程中不允许按动自动平衡按钮。正校/负校开关应居中，即处于测量状态。

② 使用不同灵敏系数的应变片时应进行修正。该仪器设计使用的应变片灵敏系数为2.00，如果使用其他灵敏系数的应变片测量，则测量结果应按下式进行修正。

实际应变值：
$$\varepsilon_p=\frac{2.00}{k_p}\varepsilon_c \tag{2-1}$$

式中，ε_c为测得应变值；k_p为使用电阻应变片的灵敏系数。

③ 测量时的温度补偿应变片要贴在与测量片相同的材料上，且测量片与应变片要同一材料、同一阻值、同一环境，并避免阳光暴晒，对地绝缘阻抗在500MΩ以上。

④ 应尽量减少应变片与桥盒之间的测试连线。使用同轴电缆时，屏蔽层不能作为信号测量导线，而只能做屏蔽保护，连到桥盒的接地端。对于金属试件，要求与应变仪桥盒地线端连接良好，以减少工频干扰。测量导线应远离干扰源，如变压器、电机、大型用电设备及动力线等，测量导线在连接时要尽可能使用对称结构安装，这样既有利于电桥平衡，又有利

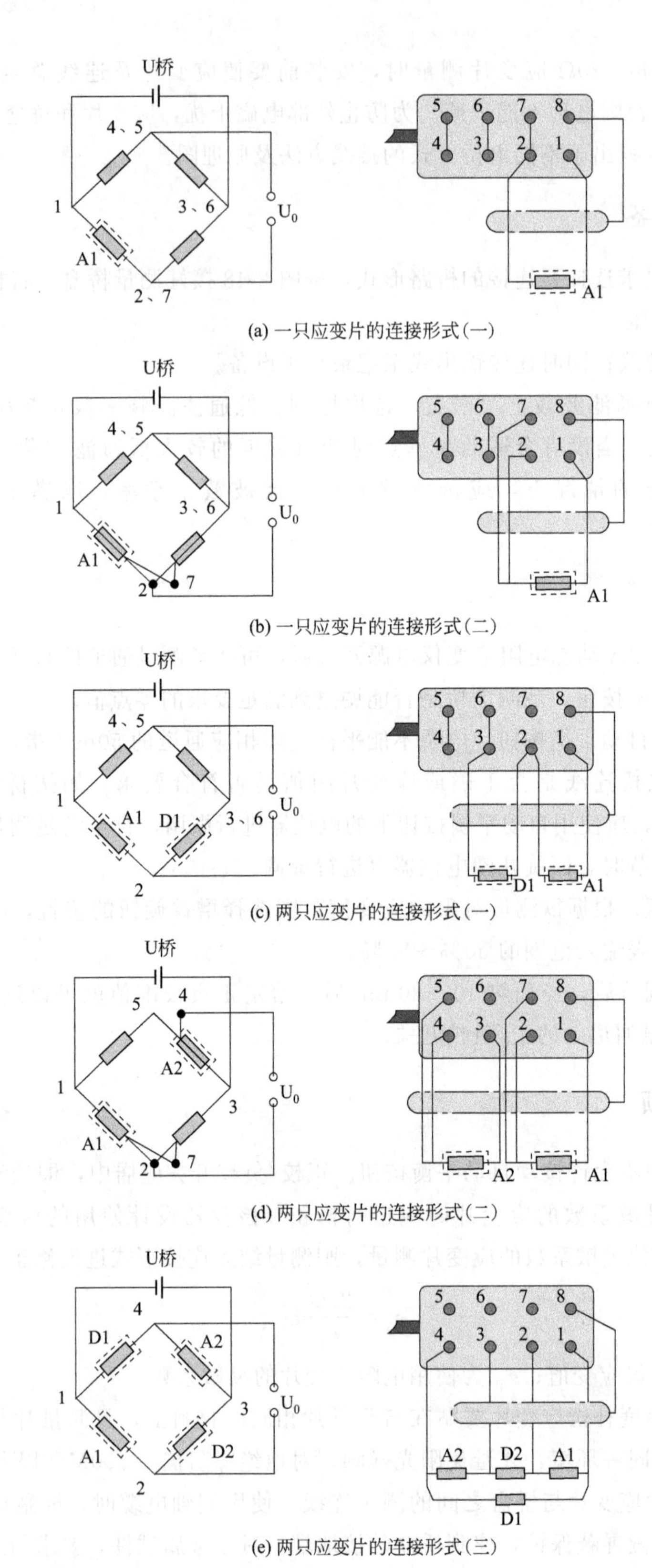

图 2-48　不同电桥方式的接线方法及原理图

于减小干扰，尤其在长导线测量时更为必要。

⑤ 在实际测量中，为了提高测量精度同时实现温度补偿，常将应变片组合使用，这时测量值就应该进行修正。注意应变式传感器不用修正。

2.8.5　配套动态应变数据采集分析系统介绍

XL3402C 数据采集分析系统采用嵌入式 MCU 控制技术及最新的 USB 总线数据采集技术。分析软件包含时域、频域、幅值域等多项分析处理功能，同时利用计算机大量硬盘的仿真磁带记录仪功能，该应变仪的采样频率已最高可达 100kHz，不丢点。丰富的数据回放功能使用户真正做到“快录慢放”，能有效地分析数据。XL3402C 动态数据采集分析系统分析控制采用 MICROSOFT C#语言编制，确保软件的兼容性，能适配现今使用的大多数台式计算机和笔记本电脑，在 WINDOWS 98/ME/2000/NT/XP 系统下均可正常运行。信号分析中提供时域统计分析、频域自功率谱生成等功能。

XL3402C 动态应变数据采集分析系统的测试分析软件特点：基于现阶段通用的 WINDOWS 视窗操作系统的虚拟仪器设计，采用 VxD（虚拟设备驱动程序）技术及多线程技术，实现采集与显示同步，同时能实现大量数据不间断（不丢点）存盘功能，代表当前国内动态应变测试的先进水平。

XL3402C 标准版软件含如下主要功能模块：

① 建立标定文件模块：用于完成测试过程中清零、校准、灵敏系数修正、长导线修正、弹性模量设置等工作，为 XL3402C 其他功能模块提供工程单位折算系数。涉及应变仪的设定操作包括桥压、增益、低通滤波设定及桥路自动平衡等。

② 单通道示波模块：可对单个通道进行时域统计，以及波峰值、波谷值、绝对平均值、有效值、波峰因素、波形因素的统计。同时时域预处理包括：叠加信号处理、巴特沃思数字滤波处理、5 种加窗函数处理。数据处理分析包括：幅值谱、相位谱、自功率谱分析（频域）及自相关分析（时域），并可打印报告或剪切至剪贴板供其他软件调用。非常适合现场监测和教学。

③ 多通道示波模块：8 通道同时显示示波功能，支持时域/频域切换示波。可用于检测各通道信号线是否接好，同时对待测信号的主频进行估计，以便在数据采集时选择合适的采样频率。

④ 数据采集模块（相当于传统模拟磁带机的录制功能）：能对最多 32 通道的信号按设定采样频率进行连续采集（不丢点），存为 *.AD 文件后供日后分析回放使用。采样速率最高为 200kHz。

⑤ 历史数据回放功能模块（仿磁带机回放功能）：共 5 个模块——时域单屏多道分析模块、时域多屏多道分析（4 道）模块、应变花分析模块、谱阵分析模块、时域双踪双道分析模块。其中双踪双道分析模块具备双窗口同时回放功能、手动/自动回放方式，自动回放方式快放/慢放方式可调。除具备单通道示波模块的分析功能外，还包含 X-Y 图生成、互相关分析、互功率谱计算等功能，能方便地进行存储打印操作。

软件部分界面如图 2-49 所示。

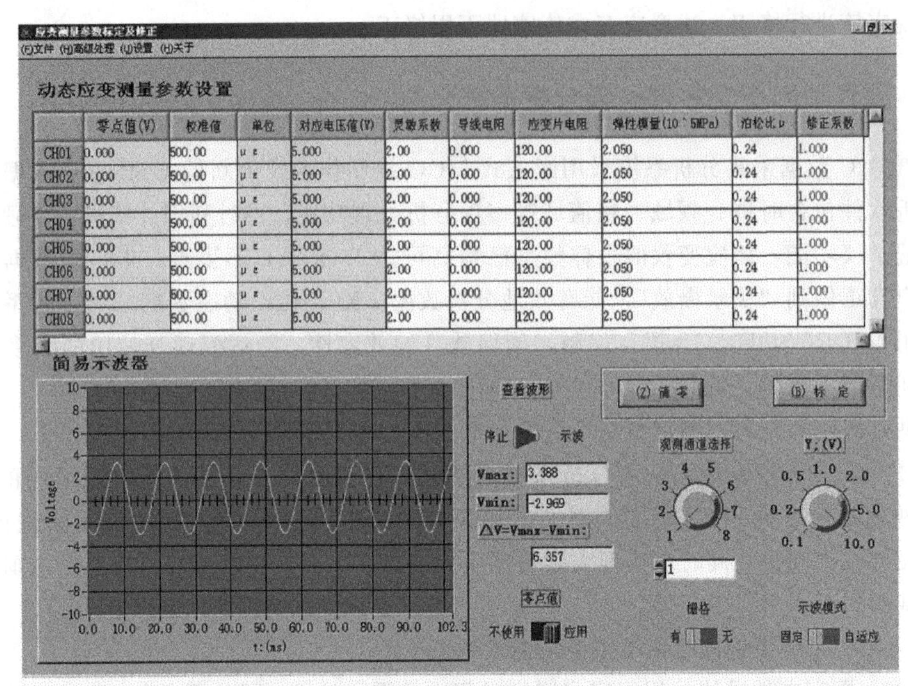

(a) 系统标定及设定应变仪

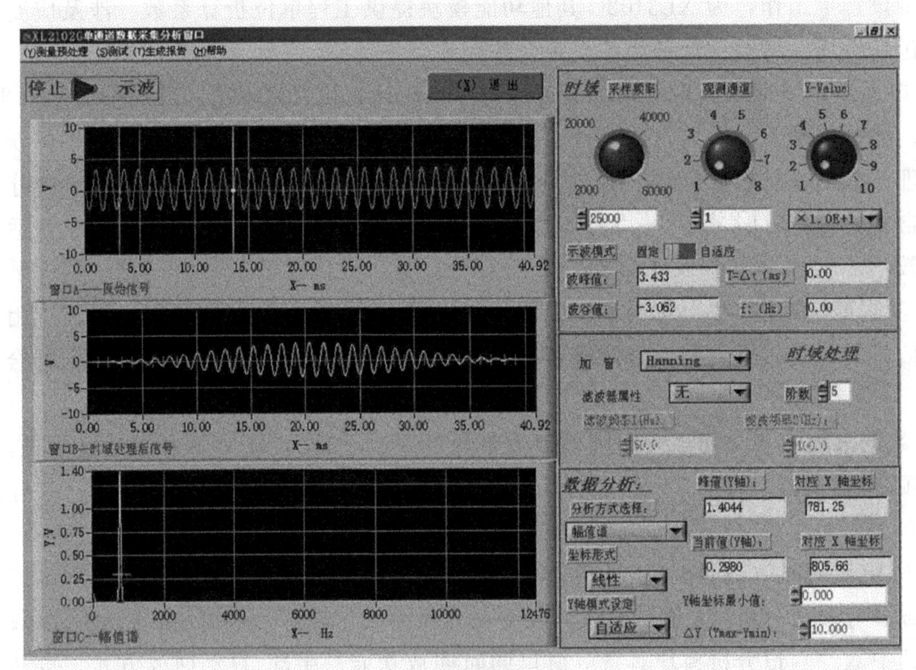

(b) 单通道示波

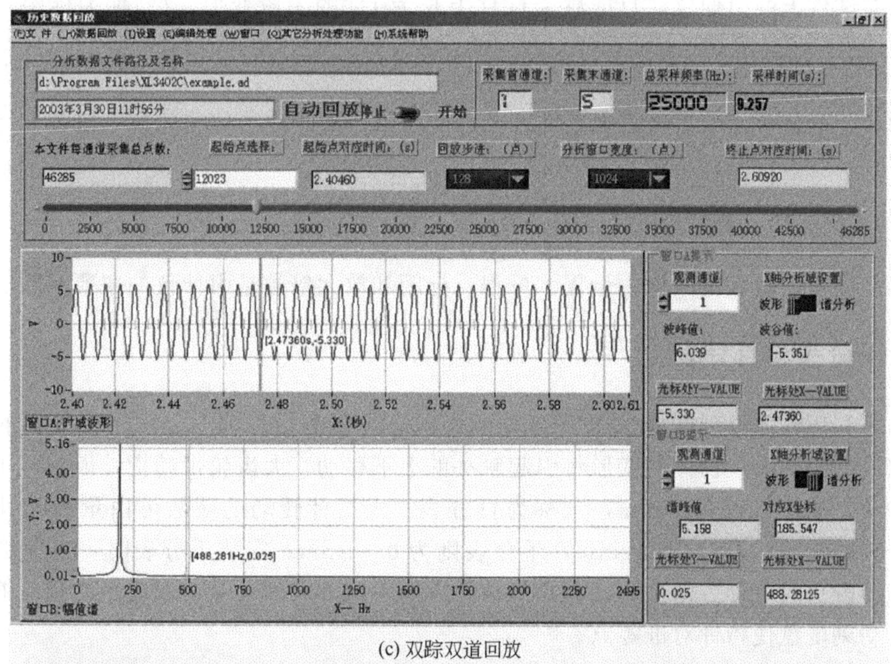

(c) 双踪双道回放

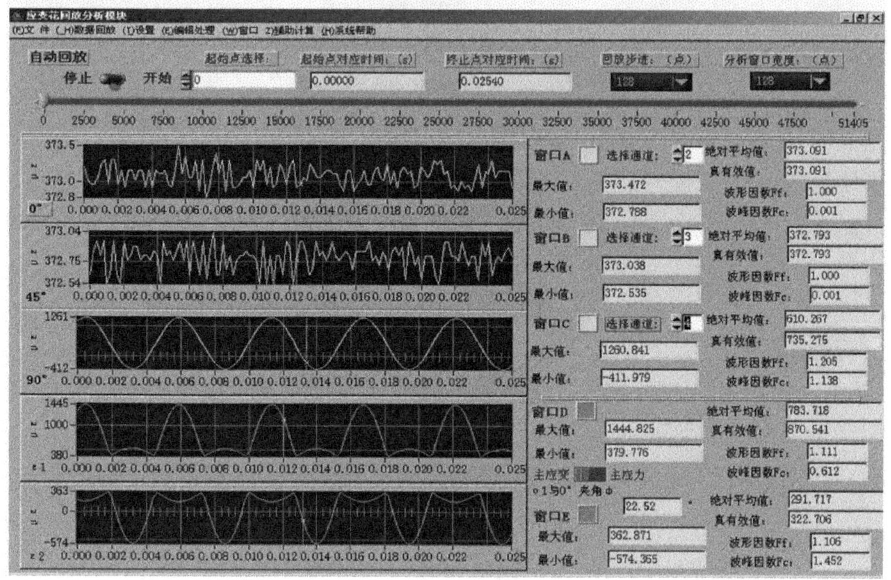

(d) 应变花分析模块

图 2-49　测控分析软件部分界面

2.9　机械式引伸仪

机械式引伸仪是利用机械放大系统来测量试件微小线变形的仪器，主要由三部分组成：

① 感应变形部分：是直接与试件表面接触，以感受试件变形的机构。

② 传递和放大部分：是把所感应到的变形进行放大的机构。

③ 指示部分：是指示放大后变形大小的机构。

安装在试件上的引伸仪，只能感受试件上长为 L_0 的一段变形，L_0 称为标距。引伸仪测出的 L_0 的长度变化，即总变形 Δl。由此 $\varepsilon=\frac{\Delta l}{L_0}$ 可算出的应变，是 L_0 范围内的平均应变。由于引伸仪上的读数 ΔA 是经放大系统放大后的数值，应除以引伸仪的放大倍数 k 才是变形 Δl，即：

$$\Delta l=\frac{\Delta A}{k} \tag{2-2}$$

仪器能测量的最大范围称为量程。量程、标距和放大倍数是引伸仪的主要参数。

2.9.1 千分表和百分表

千分表利用放大原理制成如图 2-50 所示结构，主要测量位移。工作时将细轴的触头仅靠在被测量的物体上，物体的变形将引起触头的上下移动，大齿轮带动指针齿轮，于是大指针随之转动。如位移为 0.01mm，则称为百分表。大指针转动的圈数可由量程指针予以记忆。百分表的量程一般为 0～10mm，千分表则为 0～1mm。安装千分表时，应使细轴的位移方向（即触头的位移方向）与被测点的位移方向一致。对细轴应选取适当的预压缩量。测量前可转动刻度盘使指针对准零点。

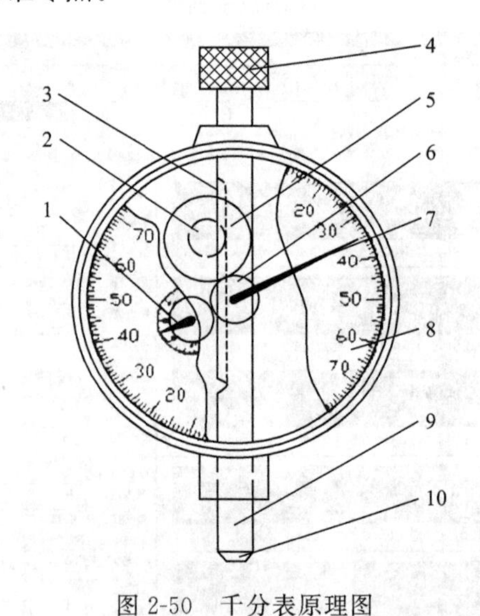

图 2-50 千分表原理图

1—量程指针；2—小齿轮；3—齿条；4—细轴螺母；5—大齿轮；6—指针齿轮；7—大指针；8—刻度盘；9—细轴；10—触头

2.9.2 蝶式引伸仪

蝶式引伸仪主要用来测量金属和一些非金属材料的某些力学性能。可配合万能试验机来测定材料的位移或应变，并通过换算可以求得材料的弹性模量。还能用于钢筋张拉工艺中的变形控制。

(1) 蝶式引伸仪的主要参数

夹持试件的最大尺寸：圆柱形试件直径为 0～25mm，板试件厚度为 0～25mm。标距尺寸范围30～120mm。量程：百分表为0～10mm，分度值为0.01mm；千分表为0～1mm，分度值为0.001mm。

（2）工作原理

蝶式引伸仪主要由三部分组成：感受变形部分、传递部分、指示部分。如图2-51所示。

① 感受变形部分：主要由一对上刀口和一对下刀口组成，并直接与试棒接触。上刀口可在标杆中上下移动，在选择位置上固定；下刀口可绕自身点转动。上、下刀口的横向移动是通过套在导杆内的弹簧在导套内移动来实现的。上、下刀口之间的纵向距离就是试件的标距长度，横向距离就是试件的直径变化范围。上下刀口均经淬火处理，具有较高的硬度和耐磨性。

② 传递部分：把变形传递到量表是通过装在左、右主体内的两活动下刀口来实现的。活动下刀口的一端是60°的尖角，另一端镶有一顶尖，均经淬火处理。活动下刀口分别被放置在旋入左、右主体的螺锥尖上，形成一等臂杠杆。两支持点的配合情况影响量表的灵敏度，而1∶1的臂长比关系将直接影响量表的数值。引伸仪工作时，传递部分的任务是将试件标距范围内的变形量传递到配用量表上，通过指针的转动直观反映出来。

③ 指示部分：引伸仪配用的两只量表，从图2-51上可以看出，当蝶式引伸仪的上、下刀口紧卡在试件上时，在试件受力所产生的轴向位移使活动下刀口绕中点转动，由于杠杆比为1∶1，因此量表反映出轴向位移数值来。

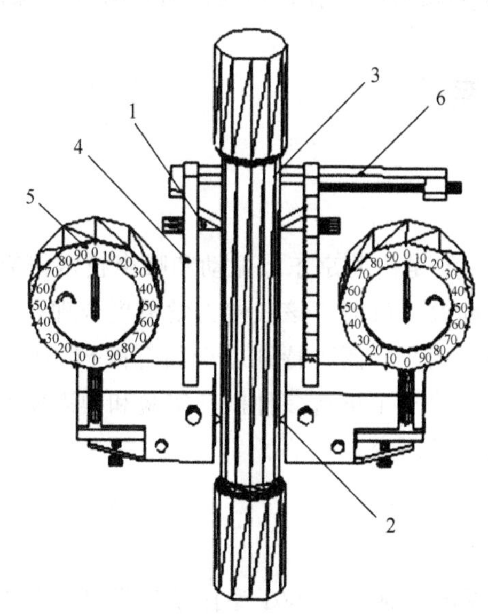

图2-51 蝶式引伸仪主要组成部分

1—上刀口；2—下刀口；3—试件；4—标杆；5—量表；6—导杆

（3）使用方法

① 根据使用和实际需要，确定标距值和选用量表。

② 调整上刀口的位置，使上、下刀口间的距离等于标距值。

③ 松开紧固螺钉调整量表位置，使下刀口底面与底板上定位螺钉接触，顶尖与量表测量平面接触。测拉伸变形时，量表起始位置应在指针正向行程0.1mm以上。然后固定好量

表，转动量表罩圈在需要的位置上。需注意，紧固量表时，要保证量表测杆能上下运动自如。

④ 握住蝶式引伸仪，压缩弹簧使两刀分开，夹持在试件上。如果夹紧力不够，可调整用来调节弹簧压力的螺杆，可旋转压缩弹簧。

⑤ 如增强上刀口夹紧力时，需在标杆上使用夹紧夹，其位置应尽量靠近上刀口处。夹紧力也可以通过螺杆调正。

⑥ 试件在标距范围内的伸长量取两表数值的平均值进行计算。

（4）注意事项

① 蝶式引伸仪是铝合金材料制作的，又配备有精密量表，使用时，必须轻拿轻放。

② 量表测头及上、下刀口要保持清洁，用后擦净，涂上防锈油，套上刀口保护罩，放入盒内。

③ 蝶式引伸仪的下刀口是由两锥体支承的，出厂时已调整好，不得随意调整。

④ 使用时，必须按使用方法，将蝶式引伸仪轻轻夹持在试件上，以防刀刃崩口，影响使用。

⑤ 蝶式引伸仪在被测试件的变形超过最大量程时，必须卸下，停止使用，以免损坏仪器。

⑥ 当使用螺杆调整弹簧夹紧力时，在仪器使用后，必须把螺杆退回原始位置。

2.10 振动教学实验系统

2.10.1 仪器特点

ZJY-601 振动教学实验系统是由北京东方振动和噪声技术研究所与清华大学工程力学系联合研制开发成功的新型振动教学仪器。该仪器力学模型合理，信号源、功率放大器、测试放大器高度集成，操作方便，用途广泛，特别适合高等院校力学系、机械系、精密仪器系、电机系、土木系及其他相关专业学生进行多种振动实验和模态实验使用。该仪器也可用于信号处理、力学等相关学科的科学研究。

2.10.2 系统组成

ZJY-601 振动教学实验系统包括 ZJY-601 型振动教学试验仪和 ZJY-601T 型振动教学实验台两大部分，如图 2-52 所示。

ZJY-601 型振动教学试验仪由多功能振动测试仪、正弦信号发生器和功率放大器组成，连接有压电式加速度传感器、磁电式速度传感器和电涡流传感器，对被测物体的振动加速度、速度和位移进行测量。

ZJY-601T 型振动教学实验台主要由底座、桥墩型支座、简支梁、悬臂梁、等强度梁、偏心电动机、调压器、接触式激振器及支座、非接触式激振器、磁性表座、减振橡胶垫、减振器、吸振器、悬索轴承装置、配重锤、钢丝、圆板、质量块等部件和辅助件组成。与 ZJY-601 型振动教学试验仪配套，完成各种振动教学实验。

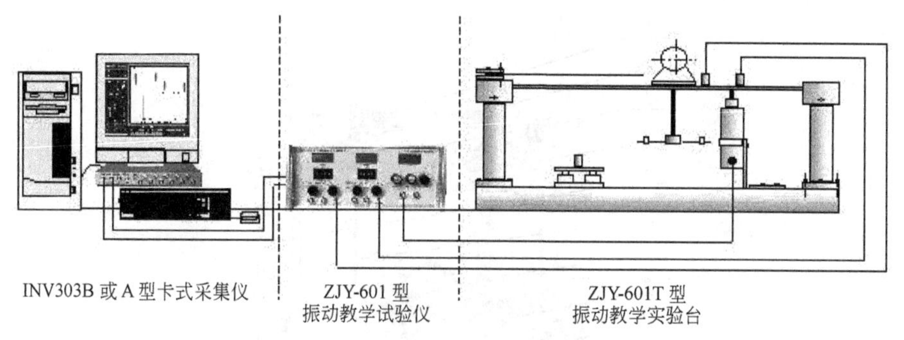

图2-52 ZJY-601振动教学实验系统

2.11 材料力学多功能实验装置

XL3418C材料力学多功能实验装置是进行材料力学电测实验的实验装置。实验台采用蜗杆机构以螺旋千斤顶进行加载，经传感器由力&应变综合参数测试仪测力部分测出力的大小；各试件受力变形，通过应变片由测应变部分显示。该实验台整机结构紧凑，加载稳定、操作省力，实验效果好，易于学生自己动手。该设备还可根据需要增设其他实验，实验数据可由计算机处理。同时材料弹性模量E、泊松比μ测定实验和偏心拉伸实验的试件因采用专用连接件连接，减少了弯矩对测量结果的影响，减小了测量误差，提高了测量精度。

2.11.1 主要结构

XL3418C材料力学多功能实验装置如图2-53所示，它的框架设计采用封闭型钢及铸件，表面经过细致处理并通过喷塑加工使产品外观和牢固程度大大提高，结构紧固耐用，每项实验均配有表面进行处理的试件和附件。

XL3418C材料力学多功能实验装置由多功能实验台（XL3418）一台、拉压力传感器（ET-B）一只、试件及连接导线若干、配套仪器一台和通用教师监控软件组成。因此整套材料力学多功能实验装置可进行多种材料力学实验，测量数据可由计算机进行监控、处理、分析。

2.11.2 实验用途

该系统可以完成多种试验，同时该实验装置在基本不做太大改动的情况下，只是通过增加试件和连接件，即可增设多项实验。该系统可进行下列实验：

① 纯弯曲梁正应力实验。

② 电测法测定材料弹性模量E、泊松比μ实验。

③ 测量电桥应用实验。

④ 电阻应变片灵敏系数K值标定实验。

⑤ 弯扭组合变形实验。

⑥ 压杆稳定性实验。

⑦ 偏心拉伸实验。

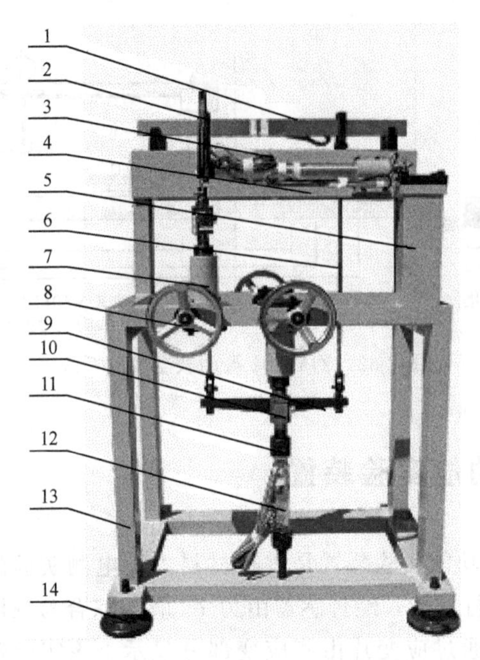

图 2-53 XL3418C 材料力学多功能实验装置外形结构图

1—纯弯曲梁；2—弯扭附件；3—空心圆管；4—等强度梁；5—等强度梁支架；
6—纯弯曲梁加载附件；7—加载传力机构；8—加载手轮；9—纯弯曲梁加载付梁；
10—加载传感器；11—拉伸附件；12—拉伸试件；13—实验台架；14—可调节地脚

⑧ 等强度梁静应变实验。

⑨ 组合梁弯曲正应力实验（复合梁、叠梁、楔块梁）。

⑩ 切变模量 G 测定。

⑪ 纯扭转试验。

⑫ 梁的弯曲试验。

2.11.3 配套仪器

(1) XL2118 系列力 & 应变综合参数测试仪（见 2.7 介绍）

(2) ET-B 型传感器

ET-B 电阻应变式传感器以贴有应变片的弹性体为敏感元件，在外接激励电源后，输出与外加负荷（力）成正比例的电信号，它与相应的仪器配套，可广泛用于各种电子自动称重系统。此外，还可选用不同形式的配套仪器，以满足计量、检测、调节及控制等其他应用要求。XL3418C 实验装置及配套仪器（XL2118 系列应变仪）、传感器（ET-B）如图 2-54 所示。

2.11.4 教师监控软件简介

① 使用一台微机可实时监测多组学生实验状态，方便教学，提高工作效率。一台微机最多可监控 32 组以上力学实验装置。

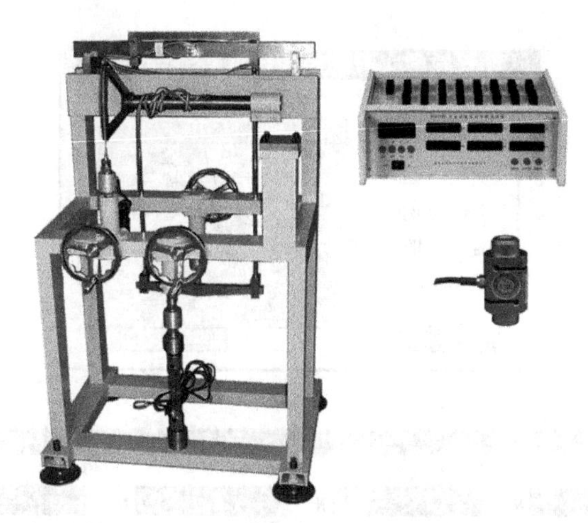

图 2-54 XL3418C 实验装置及配套仪器

② 有实时记录实验数据功能，能起到批改作业、防止学生互相抄袭实验数据的作用，因而可以有效地提高教学质量。

③ 教师监控时并不影响学生使用仪器，通信稳定可靠。

④ 监控功能强大，存储快捷，数据处理功能强大，可生成曲线和误差分析等实验报告。

⑤ 为支持 WINDOWS 中文视窗 WINDOWS 98/ME/2000/NT/XP 下 32bits 的监控和分析软件。

教师监控型分析软件功能包含以下模块：纯弯曲梁正应力分布规律实验数据分析模块；电阻应变片灵敏系数标定实验数据分析模块；材料弹性模量 E、泊松比 μ 测定数据分析模块；偏心拉伸实验数据分析模块；弯扭组合受力分析模块；压杆稳定实验数据分析功能等。教师监控软件中有力值实时过载警示功能。部分软件界面如图 2-55 所示。

（1）接口及布线

XL3418C 教师监控系统采用 RS-232C/USB 接口与计算机连接，采用 RS-485 工业总线仪器之间级联，现场布线简单，传输距离长（1200m），通信稳定可靠。普通台式计算机、笔记本电脑均可不添加任何硬件就能监测 32 组（力学实验台）学生实验状态，方便教学，提高工作效率。

每套纯弯曲梁实验装置配套仪器都能与微机相连，实现控制、数据采集、测试结果处理、误差分析等功能。

XL3418C 材料力学多功能实验装置与计算机相连时，能进行自动数据采集、存储、分析等功能，包括灵敏系数补偿、长导线修正、单向应力折算、四种应变花分析（主应力大小及方向）、*T*-*Y* 图及 *X*-*Y* 图显示打印、多种实验误差处理分析、生成 TXT 文件被 WORD 及 EXCEL 软件调用等功能。

（2）计算机与实验装置联机

XL3418C 材料力学多功能实验装置单台可与计算机联机。该系统还可以通过扩展槽实现多台监控联机。

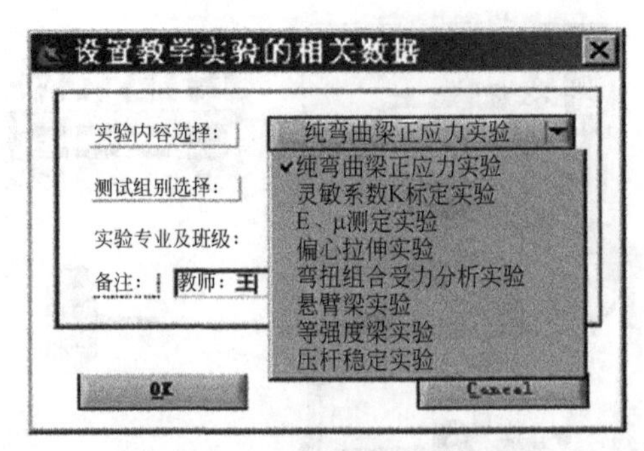

(a) 实验设置

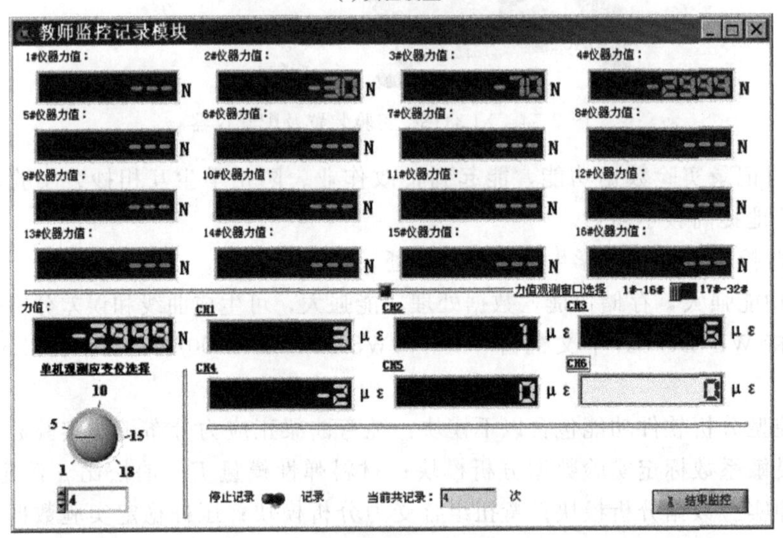

(b) 现场监控模块

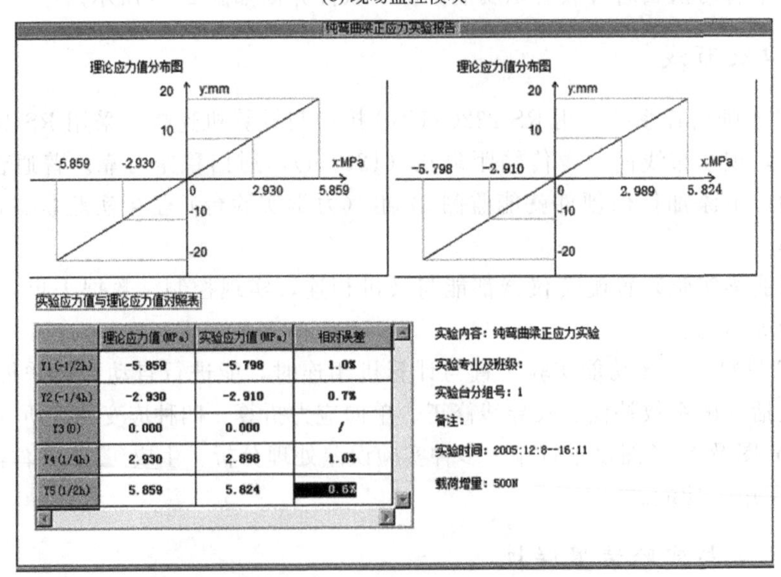

	理论应力值(MPa)	实验应力值(MPa)	相对误差
Y1(-1/2h)	-5.859	-5.798	1.0%
Y2(-1/4h)	-2.930	-2.910	0.7%
Y3(0)	0.000	0.000	/
Y4(1/4h)	2.930	2.898	1.0%
Y5(1/2h)	5.859	5.824	0.6%

(c) 实验报告模块

图 2-55　教师监控软件部分界面

2.12 等强度梁实验装置

等强度梁实验装置是方便同学们自己动手做材料力学电测实验的设备，一个实验台可做多个静态或动态电测实验，操作简单，实验直观，便于培养学生动手能力。

2.12.1 主要结构及工作原理

（1）基本外形结构

该实验装置由实验台架、等强度梁（已贴好应变片）、砝码及吊环砝码托盘组成，如图 2-56 所示。

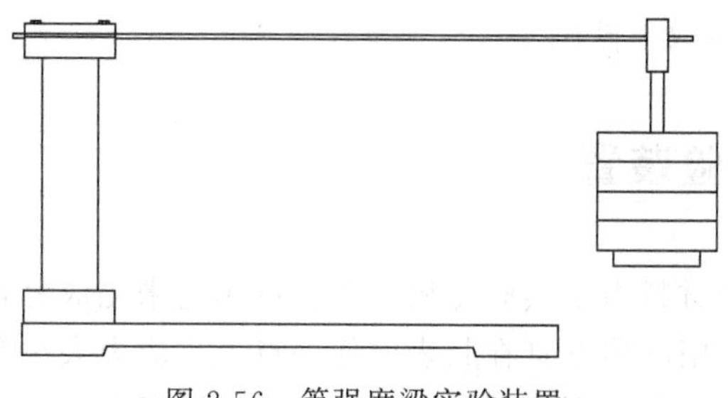

图 2-56 等强度梁实验装置

（2）工作原理

等强度梁为悬臂梁。当悬臂梁上加一个荷重 G 后，距加载点 x 距离的断面上弯矩为：

$$M_x = Gx \tag{2-3}$$

相应断面上的最大应力为：

$$\sigma = \frac{Gx}{W} \tag{2-4}$$

式中，W 为抗弯截面模量，断面为矩形。若 b_x 为宽度，h 为厚度，则：

$$W = \frac{b_x h^2}{6} \tag{2-5}$$

因而，

$$\sigma = \frac{Gx}{\frac{b_x h^2}{6}} = \frac{6Gx}{b_x h^2} \tag{2-6}$$

所谓等强度，即指各个断面在力的作用下应力相等，即 σ 值不变。显然，当梁的厚度 h 不变时，梁的宽度必须随着 x 的变化而变化，因而：

$$\frac{b_x}{x} = \frac{6G}{\sigma h^2} \tag{2-7}$$

在 G、σ、h 不变时，$\frac{b_x}{x}$ 值是定值，说明 b_x 随 x 成线性变化。

2.12.2 操作步骤

① 将等强度梁试件固定到等强度梁台架上，将试件上应变片连接导线根据实验要求合理组桥接连到应变仪上。

② 应变仪打开电源，预热约 20min 左右，在不加载的情况下将应变量调至零。

③ 对试件进行分级加载，加载过程中，砝码应轻拿轻放，以免损坏等强度梁。

2.12.3 注意事项

① 每次实验最好先将试件摆放好，仪器接通电源，预热约 2min 左右，再做实验。

② 实验所加载荷一定不要过大，以免超出梁的弹性范围，恢复不了原来状态。

③ 如已与计算机连接，则全部数据可由计算机进行简单的分析并打印。

④ 实验进行完后，应取下砝码。

2.13 弯扭组合实验装置

弯扭组合实验装置是材料力学实验专用设备。可用它来完成复合抗力下的应力及应变的测定，包括受弯扭组合作用的薄壁管在其表面任一点上主应力大小和方向的测定，薄壁管某截面内由弯矩、剪力、扭矩所分别引起的应变的测定，同时也可用于剪切模量 G 的测定。

2.13.1 主要结构及工作原理

弯扭组合实验装置构造原理如图 2-57 所示。它由薄壁圆管（已粘贴好应变片）、加力臂、座体、加载钩和砝码组成。实验时，装载砝码，加力臂端作用力传递至薄壁管，薄壁管产生弯扭组合变形。

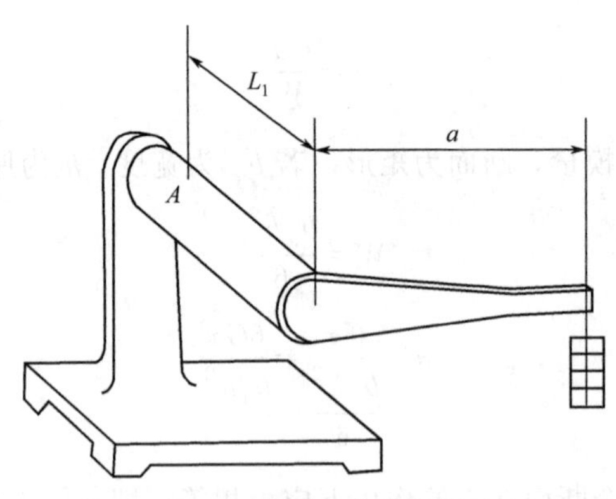

图 2-57 弯扭组合实验装置

弯管长 $L=250\text{mm}$，加力臂 $a=250\text{mm}$，弯管外径 $D=35\text{mm}$，弯管内径 $d=31\text{mm}$，$E=100\text{GPa}$，$\mu=0.33$，如图 2-57 所示。实验主要部件是一个薄臂圆管，一端固定于支座上，另一端固定一个加力臂，臂的自由端上悬挂砝码，薄壁圆管受弯曲和扭转组合作用，在距离加力臂的中心平面 L_1取一点 A，A 点处于平面应力状态。

A 点受的弯曲正应力，理论值为：

$$\Delta\sigma_x=\frac{\Delta PL_1}{W} \tag{2-8}$$

$$W=\frac{\pi}{32}D^3\left[1-(\frac{d}{D})^4\right] \tag{2-9}$$

式中，W 为圆管的抗弯截面模量；L_1 为 A 点至加力臂的距离。

A 点的扭转剪应力为：

$$\tau_{xy}=\frac{\Delta Pa}{W_n} \tag{2-10}$$

式中，W_n 为圆管的抗扭截面模量（$W_n=2W$）；a 为加力点至圆筒中心的距离。

理论值计算主应力公式：

$$\sigma_{1,3}=\frac{1}{2}(\sigma_x\pm\sqrt{\sigma_x^2+4\tau_x^2}) \tag{2-11}$$

$$\tan2\alpha=-\frac{2\tau_{xy}}{\sigma_x} \tag{2-12}$$

2.13.2 操作步骤

① 将应变片按实验要求接至应变仪上。

② 对每一应变片用零读法预调平衡，记录下各应变片的初读数。

③ 分级加载，以 5kg 为一级，加至 15kg，记录各级载荷下各应变片的应变读数（也可根据实验者需要，另定加载方案）。

④ 实验完毕，卸去加力臂上的载荷。

2.13.3 注意事项

该装置最多只允许加 15kg 载荷，超载会损坏实验装置。

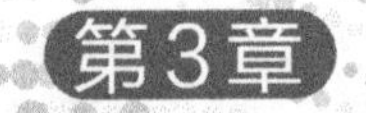

电测法和光弹性实验原理

3.1 电测法实验原理

3.1.1 概述

电测法是用电阻应变片测定构件表面的线应变，再根据应变-应力关系确定构件表面应力状态的一种实验应力分析方法。这种方法是将电阻应变片粘贴于被测构件表面，当构件变形时，电阻应变片的电阻值将发生相应的变化，然后通过电阻应变仪将此电阻变化转换成电压（或电流）的变化，再换算成应变值或者输出与此应变成正比的电压（或电流）的信号，由记录仪进行记录，就可得到所测定的应变或应力。其原理如图 3-1 所示。

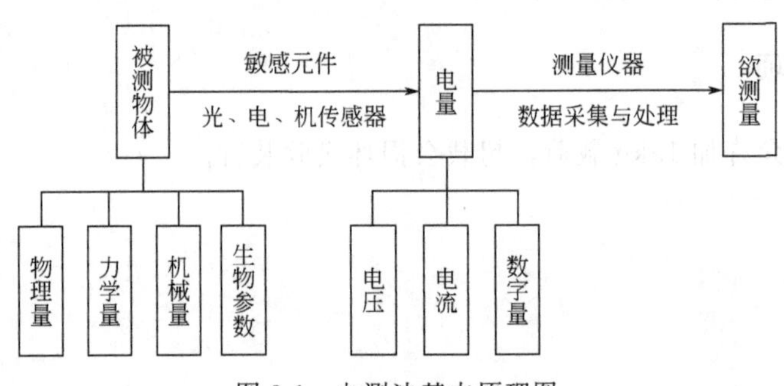

图 3-1 电测法基本原理图

（1）电测法的优点

① 测量灵敏度和精度高。其最小应变为 $1\mu\varepsilon$（微应变，$1\mu\varepsilon=10^{-6}\varepsilon$）。在常温静态测量时，误差一般为 1%～3%；动态测量时，误差为 3%～5%。

② 测量范围广。可测± $(1\sim2)\times10^{4}\mu\varepsilon$ 的应变；力或重力的测量范围为 $10^{-2}\sim10^{5}$N。

③ 频率响应好。可以测量从静态到 10^{5}Hz 动态应变。

④ 轻便灵活。在现场或野外等恶劣环境下均可进行测试。

⑤ 能在高、低温或高压环境等特殊条件下进行测量。

⑥ 便于与计算机连接进行数据采集与处理，易于实现数字化、自动化及无线电遥测。

⑦ 可制造各种传感器，如力、位移、压力传感器等。

（2） 电测法的缺点

① 应变片只能测量构件表面有限点的应变，当测点较多时，准备工作量大。

② 所测应变是应变片敏感栅投影面积下构件应变的平均值，对于应力集中和应变梯度很大的部位，会引起较大的误差。

3.1.2　电桥基本特性

通过电阻应变片可以将试件的应变转换成应变片的电阻变化，通常这种电阻变化很小。测量电路的作用就是将电阻应变片"感受"到的电阻变化率 $\Delta R/R$ 变换成电压（或电流）信号，再经过放大器将信号放大、输出。测量电路有多种，惠斯登电桥是最常用的电路，如图 3-2 所示。设电桥各桥臂电阻分别为 R_1、R_2、R_3、R_4，其中任一桥臂都可以是电阻应变片。电桥的 A、C 为输入端接电源 E，B、D 为输出端，输出电压为 U_{BD}。

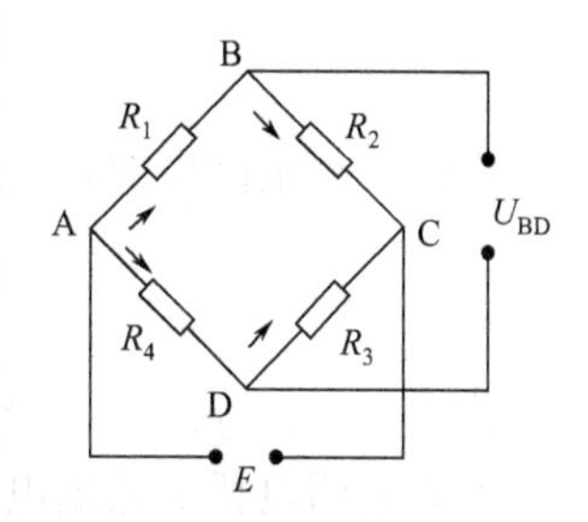

图 3-2　惠斯登电桥

从 ABC 半个电桥来看，A、C 间的电压为 E，流经 R_1 的电流为：

$$I_1=\frac{E}{R_1+R_2}$$

R_1 两端的电压降为：

$$U_{AB}=I_1R_1=\frac{R_1E}{R_1+R_2}$$

同理，R_3 两端的电压降为：

$$U_{AD}=I_4R_4=\frac{R_4E}{R_3+R_4}$$

因此可得到电桥输出电压为：

$$U_{BD}=U_{AB}-U_{AD}=\frac{R_1E}{(R_1+R_2)}-\frac{R_4E}{(R_3+R_4)}=\frac{(R_1R_3-R_2R_4)E}{(R_1+R_2)(R_3+R_4)}$$

由上式可知，当 $R_1R_3=R_2R_4$　或　$\dfrac{R_1}{R_2}=\dfrac{R_4}{R_3}$ 时，输出电压 U_{BD} 为零，电桥平衡。

设电桥的四个桥臂与粘在构件上的四枚电阻应变片连接，当构件变形时，其电阻值的变化分别为 $R_1+\Delta R_1$、$R_2+\Delta R_2$、$R_3+\Delta R_3$、$R_4+\Delta R_4$，此时电桥的输出电压为：

$$U_{BD}=E\,\frac{(R_1+\Delta R_1)(R_3+\Delta R_3)-(R_2+\Delta R_2)(R_4+\Delta R_4)}{(R_1+\Delta R_1+R_2+\Delta R_2)(R_3+\Delta R_3+R_4+\Delta R_4)}$$

经整理、简化并略去高阶小量，可得：

$$U_{BD}=E\,\frac{R_1R_2}{(R_1+R_2)^2}\left(\frac{\Delta R_1}{R_1}-\frac{\Delta R_2}{R_2}+\frac{\Delta R_3}{R_3}-\frac{\Delta R_4}{R_4}\right)$$

当四个桥臂电阻值均相等时，即 $R_1=R_2=R_3=R_4$，且它们的灵敏系数均相同，则将关系式 $\dfrac{\Delta R}{R}=K\varepsilon$ 代入上式，则有电桥输出电压为：

$$U_{BD}=\frac{E}{4}\left(\frac{\Delta R_1}{R_1}-\frac{\Delta R_2}{R_2}+\frac{\Delta R_3}{R_3}-\frac{\Delta R_4}{R_4}\right)=\frac{EK}{4}(\varepsilon_1-\varepsilon_2+\varepsilon_3-\varepsilon_4) \tag{3-1}$$

电阻应变片是测量应变的专用仪器，电阻应变仪的输出电压 U_{BD} 是用应变值 ε_d 直接显示的。电阻应变仪有一个灵敏系数 K_0。在测量应变时，只需将电阻应变仪的灵敏系数设置为应变片的灵敏系数，则 $\varepsilon_d=\varepsilon$，即应变仪的读数应变值 ε_d 不需进行修正；否则，需按下式进行修正：

$$K_0\varepsilon_d=K\varepsilon \tag{3-2}$$

则其输出电压为：

$$U_{BD}=\frac{EK}{4}(\varepsilon_1-\varepsilon_2+\varepsilon_3-\varepsilon_4)=\frac{EK}{4}\varepsilon_d$$

由此可得电阻应变仪的读数应变为：

$$\varepsilon_d=\frac{4U_{BD}}{EK}=\varepsilon_1-\varepsilon_2+\varepsilon_3-\varepsilon_4 \tag{3-3}$$

式中，ε_1、ε_2、ε_3、ε_4 分别为 R_1、R_2、R_3、R_4“感受”的应变值。

上式表明电桥的输出电压与各桥臂应变的代数和成正比。应变的正负由变形方向决定，一般规定拉应变为正，压应变为负。

电桥具有以下基本特性：两相邻桥臂电阻所“感受”的应变值 ε 相减；而两相对桥臂电阻所“感受”的应变值 ε 相加。这种作用也称为电桥的加减性。利用电桥的这一特性，正确地布片和组桥，可以提高测量的灵敏度、减少误差，测取某一应变分量和补偿温度影响。

3.1.3 温度补偿

电阻应变片对温度变化十分敏感。当环境温度变化时，因应变片的线胀系数与被测构件的线胀系数不同，且敏感栅的电阻值随温度的变化而变化，所以测得应变将包含温度变化的影响，不能反映构件的实际应变，因此在测量中必须设法消除温度变化的影响。

消除温度影响的措施是温度补偿。在常温应变测量中温度补偿的方法是采用桥路补偿法。它是利用电桥特性进行温度补偿的。

(1) 补偿块补偿法

把粘贴在构件被测点处的应变片称为工作片，将其接入电桥的桥臂；另外以相同规格的应变片粘贴在与被测构件相同材料但不参与变形的一块材料上，并与被测构件处于相同温度条件下，称为温度补偿片，将它接入电桥与工作片组成测量电桥的半桥。电桥的另外两桥臂为应变仪内部固定无感标准电阻，组成等臂电桥。由电桥特性可知，只要将温度补偿片正确地接在桥路中即可消除温度变化所产生的影响。

(2) 工作片补偿法

这种方法不需要补偿片和补偿块，而是在同一被测构件上粘贴几个工作应变片，根据电桥的基本特性及构件的受力情况，将工作片正确地接入电桥中，即可消除温度变化所引起的应变，得到所需测量的应变。

3.1.4 接线方法

应变片在测量电桥中，利用电桥的基本特性，采用各种不同的接线方法以达到温度补偿，从复杂的变形中测出所需要的应变分量，提高测量灵敏度和减少误差。

（1）半桥接线方法

① 半桥单臂测量。如图 3-3(a) 所示，又称 1/4 桥，电桥中只有一个桥臂接工作应变片（常用 AB 桥臂），而另一桥臂接温度补偿片（常用 AD 桥臂），BC 和 CD 桥臂接应变仪内标准电阻。考虑温度引起的电阻变化，按公式（3-3）可得到应变仪的读数应变为：

$$\varepsilon_d=\varepsilon_1+\varepsilon_{1t}-\varepsilon_{4t}$$

由于 R_1 和 R_4 温度条件完全相同，因此 $\frac{\Delta R_1}{R_1}=\frac{\Delta R_4}{R_4}$，所以电桥的输出电压只与工作片引起的电阻变化有关，与温度变化无关，即应变仪的读数为 $\sigma_d=\sigma_1$。

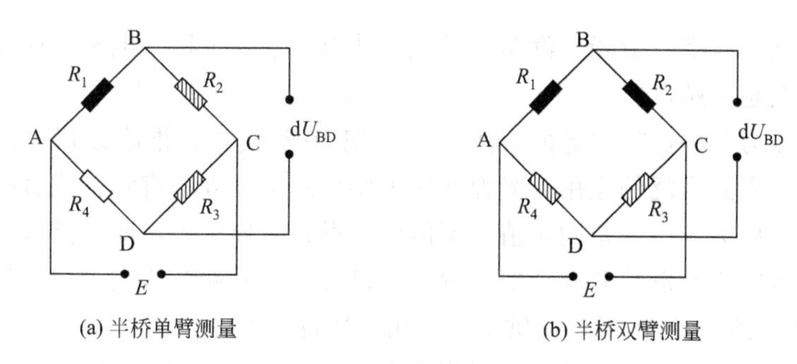

(a) 半桥单臂测量　　(b) 半桥双臂测量

图 3-3　半桥电路接线法

② 半桥双臂测量。如图 3-3(b) 所示，电桥的两个桥臂 AB 和 BC 上均接工作应变片，CD 和 DA 两个桥臂接应变仪内标准电阻。因为两工作应变片处在相同温度条件下，$\left(\frac{\Delta R_1}{R_1}\right)_t=\left(\frac{\Delta R_2}{R_2}\right)_t$，所以应变仪的读数为：

$$\sigma=\frac{6Gx}{b_x h^2}$$

由桥路的基本特性，自动消除了温度的影响，无须另接温度补偿片。

（2）全桥接线方法

① 对臂测量。如图 3-4(a) 所示，电桥中相对的两个桥臂接工作片（常用 AB 和 CD 桥臂），另两个桥臂接温度补偿片。此时，四个桥臂的电阻处于相同的温度条件下，相互抵消了温度的影响。应变仪的读数为：

$$\delta=\frac{\sigma_{理}-\sigma_{实}}{\sigma_{理}}\times100\%$$

② 全桥测量。如图 3-4(b) 所示，电桥中的四个桥臂上全部接工作应变片，由于它们处于相同的温度条件下，相互抵消了温度的影响。应变仪的读数为：

$$\varepsilon_d=\varepsilon_1-\varepsilon_2+\varepsilon_3-\varepsilon_4 \tag{3-4}$$

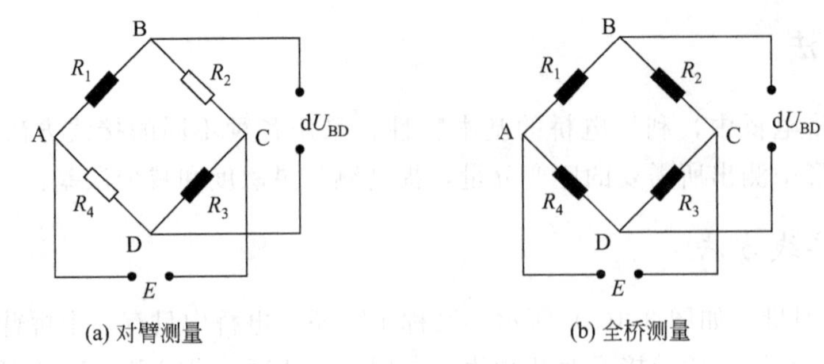

图 3-4　全桥电路接线法

3.2　光弹性实验原理

3.2.1　概述

光弹性在航天、航空、造船、汽车、机械、动力、生物工程、电子、材料等许多行业均有应用，而且发展越来越快。

光弹性是光测力学中比较古老的方法。20 世纪 60 年代，三维冻结切片光弹性方法趋于成熟，并在工程中得到广泛的应用。光弹性的主要特点是：方法直观，能直接显示应力集中区域，并准确给出应力集中部位的量值；不但可以得到边界应力，而且能求得结构的内部应力。特别是这一方法不受形状和载荷的限制，可以对工程复杂结构进行应力分析。

20 世纪 60 年代激光的出现，提供了一种相干性特别好的光源，将这一光源引入到光弹性中出现了全息光弹性。这一方法可以得到等和线（$\sigma_1+\sigma_2$），从而弥补了传统光弹性只能得到等差线（$\sigma_1-\sigma_2$）的不足，并使全场应力和接触应力的直接测量成为可能。

应用计算机图像处理技术，可省去全息光弹性方法显影和定影，在计算机上显示结果。

3.2.2　平面光弹性应力定律

平面光弹性是指光弹模型处于平面受力状态的情况。当光线垂直于模型的平面入射时，沿光线传播方向，模型上各点主应力的大小和方向沿模型厚度方向均保持不变。光弹性中的平面问题包括平面应力状态和平面应变状态。

在光弹性实验中，常用自然光（白光）或单色光作光源。白光或单色光经过起偏镜形成平行偏振光，光弹性中常用的单色光有绿光和黄光等。只要在弹性范围内加载，通过模型的光波按模型材料的暂时双折射性质就将遵循以下规律：

① 光波垂直通过平面受力模型内任一点时，它只沿这点的两个主应力方向分解并振动，且只在主应力平面内通过。

② 两光波在两主应力平面内通过的速度不等，因而其折射率发生了改变，其变化量与主应力大小成线性关系。这就是布儒斯特定律：

$$n_1-n_0=A\sigma_1+B(\sigma_2+\sigma_3)$$
$$n_2-n_0=A\sigma_2+B(\sigma_3+\sigma_1)$$

在平面应力状态下，$\sigma_3=0$，根据上式可得：

$$n_1-n_2=(A-B)(\sigma_1-\sigma_2)=C(\sigma_1-\sigma_2) \tag{3-5}$$

式中，A，B 为模型材料的应力光学常数。而 $C=A-B$。

由于两光波通过模型时沿应力 σ_1、σ_2 方向内的折率不同，故通过模型厚度 d 后产生一光程差为：

$$\delta=(n_1-n_2)d=Cd(\sigma_1-\sigma_2) \tag{3-6}$$

相对光程差 δ 有：

$$n=\frac{\delta}{\lambda}=\frac{Cd}{\lambda}(\sigma_1-\sigma_2) \tag{3-7}$$

式（3-6）和式（3-7）称为平面光弹性的应力-光学定律，它是光弹性实验的基础，式中 C、d、波长 λ 都是常数。由此可见，只要求出了光程差或相对光程差后，就可以求出平面模型内各点的主应力差。这样，就将一个求主应力值的力学问题转换为求光程差的光学问题了。将上式改写成：

$$\sigma_1-\sigma_2=\frac{nf_0}{d} \tag{3-8}$$

式中，f_0 称为材料条纹值，N/m，是反映模型材料灵敏度的一个重要指标。f_0 越小，材料越灵敏。环氧树脂板材 f_0 约为 13kN/m。

3.2.3　平面正交偏振光场装置

（1）平面正交偏振光装置

图 3-5 所示为平面正交偏振光装置。当受力模型不置于偏振光场中时，通过起偏镜的光线必被检偏镜挡去，故投影幕上是暗的，称为暗场。

光程差 δ 可用光的干涉原理来测量。要使两束光相干涉必须满足三个条件：同频率、同振动方向及光程差或位相差稳定。由图 3-6 可知，沿 σ_1 和 σ_2 的两束平面偏振光都是由原平面偏振光 u 分解出来的，经过模型后又有稳定的光程差或相位差，故能满足相干涉光的同频率和相位差稳定这两个条件；当两束平面偏振光通过检偏镜后，它们的分量在偏振轴方向处于同一平面，从而也满足同方向的条件，这样，两束平面偏振光之间便产生干涉现象。

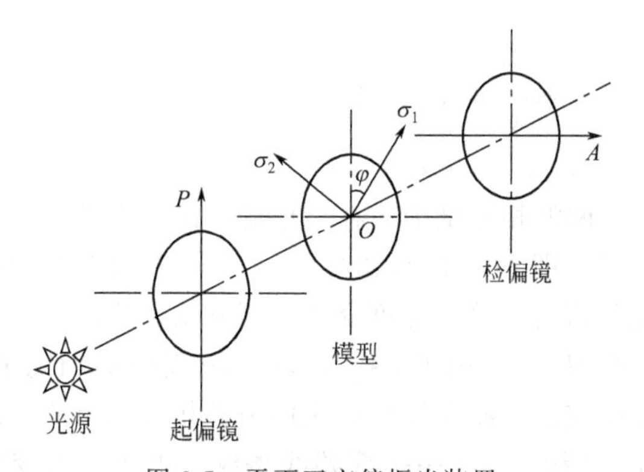

图 3-5　平面正交偏振光装置

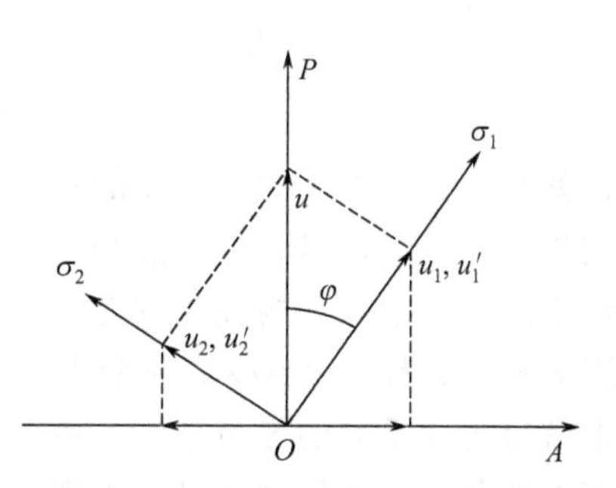

图 3-6　偏振轴与应力轴的相对位置

（2）受力模型置于平面正交偏振光场中的光弹性效应

① 单色光经起偏镜变为平面偏振光 u，其波动方程为：

$$u = A\sin\omega t$$

② 模型 O 点的主应力 σ_1 与分析镜偏振轴夹角为 φ，平面偏振光 u 入射到模型表面，便发生暂时双折射现象，u 沿 σ_1 和 σ_2 分解为 u_1 和 u_2 两支平面偏振光：

$$u_1 = A\sin\omega t\cos\varphi$$

$$u_2 = A\sin\omega t\sin\varphi$$

通过模型后，产生相位差 ϕ，波动方程变为：

$$u_1 = A\sin(\omega_t + \varphi)\cos\varphi$$

$$u_2 = A\sin\omega_t\sin\varphi$$

通过检偏镜后的合成光的波动方程变为：

$$u_3 = A\sin2\varphi\sin\frac{\phi}{2}\cos\left(\omega t + \frac{\phi}{2}\right) \tag{3-9}$$

式中，u_3 为平面偏振光，$A\sin2\varphi\sin\frac{\phi}{2}$为其振幅。其光强 I 与振幅平方成正比，引入比例系数 K，光强可表示为：

$$I = KA^2\sin^2 2\varphi\sin^2\frac{\phi}{2}$$

因为相位差 $\phi = \frac{2\pi\delta}{\lambda}$，所以上式可写成：

$$I = KA^2\sin^2 2\varphi\sin^2\frac{\pi\delta}{\lambda} \tag{3-10}$$

(3) 等倾线和等差线

在式 (3-10) 中，若光强 $I=0$，则该点在投影幕上会呈黑暗，有两种情况，分讨论如下。

① $\sin2\varphi=0$——等倾线。满足 $\sin2\varphi=0$，则 $\varphi=0°$或 $\varphi=90°$。这时在模型上，两个主应力方向分别和起偏镜、检偏镜的偏振轴方向相同的一系列点构成的轨迹线即为等倾线。由于消光，而成为一条黑的线，同一等倾线上主应力方向相同。模型平面内主应力方向是逐点不同的，所以如在 0°～90°内同步转动正交的起偏镜及分析镜，就可以得到整个模型平面内的等倾线。

② $\sin\frac{\pi\delta}{\lambda}=0$——等差线。满足 $\sin\frac{\pi\delta}{\lambda}=0$，则$\frac{\pi\delta}{\lambda}=N\pi$，即：

$$\delta = N\lambda (N=0,1,2,3,\cdots)$$

也就是当光程差 δ 为波长 λ 的整数倍时，两波相互抵消，在检偏镜后出现黑色条纹。而当两波光程差 δ 为透射光波半波长的整数倍时，即 $N=1/2$，3/2，5/2，…时两波叠加，在检偏镜后屏幕上最亮。两波光程差 λ 为其他数值时，幕上亮度介于最黑和最亮之间。

因为相对光程差 $\delta=n\lambda$，对照上式，可见 $N=n$，由于 $n=0,1,2,3,\cdots$都满足消光条件，屏幕上就呈现一系列的黑色条纹，由此可知相应的这些条纹代表主应力差相等的轨迹，故称其为等差线条纹。并依次称其为 0 级、1 级、2 级、3 级……等差线条纹。由于应力变化是连续的，相邻等差线条纹序数必然是连续的。

(4) 白光的应用

白光是由不同波长的可见光组成的。用白光作光源观察等差线时，凡是光程差为某波长的整数倍时，这一波长的颜色将在白光中消失，与其相补的颜色也就出现。因而可获得一幅彩色的等差线（或称等色线）图。根据等色线色彩的变化，可以确定条纹序数的高低。光程差为零的区域，所有的光均被干涉而呈黑色，其条纹序数为零。随光程差的增加，色序总是按由黄到红再到绿的规律变化，这就指明了条纹序数增加的方向，从而可以确定其他各条等差线的条纹序数。另外，用白光作光源时，等倾线仍然是黑色，并且同步转动正交的平面偏振光场装置，等倾线会移动，而等差线不变，这样就区别了等倾线和等差线。

3.2.4　圆偏振光装置

在平面正交偏振光场实验装置中，等倾线和等差线同时出现，对测量带来不便。若采用圆偏振光，如图 3-7 所示，其光向量为一旋转向量，不具有方向性，可以将等倾线去除。

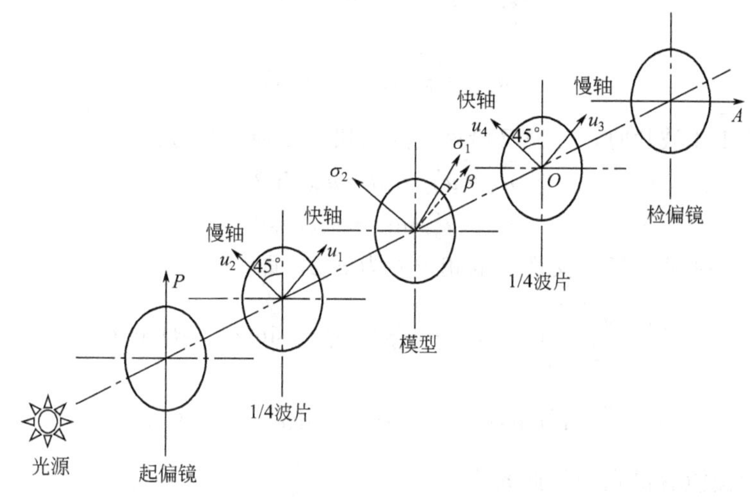

图 3-7　受力模型在双正交圆偏振光中布置

单色光通过起偏镜后成为平面偏振光 $u=A\sin\omega t$，A 为光波的振幅。到达第一块 1/4 波片后，沿 1/4 波片的快、慢轴分解为两束平面偏振光：

$$u_1=A\sin\omega t\cos 45^\circ$$
$$u_2=A\sin\omega t\sin 45^\circ$$

通过 1/4 波片后，产生的相位差为 $\pi/2$，即：

$$u_1'=\frac{\sqrt{2}}{2}A\sin\left(\omega t+\frac{\pi}{2}\right)=\frac{\sqrt{2}}{2}A\cos\omega t$$

$$u_2'=\frac{\sqrt{2}}{2}A\sin\omega t$$

这两束光合成后即为无方向性的圆偏振光。它失去了平面偏振光的方向性，因而能消除等倾线，单纯得到等差线。

设受力模型上 O 点的主应力的方向与第一块 1/4 波片的快轴成 $\beta(\beta=45^\circ-\varphi)$ 角，当圆偏振光到达 O 点时，又沿主应力 σ_1 和 σ_2 的方向分解为两束光，如图 3-8 所示。则有：

$$u_{\sigma 1}=u_1'\cos\beta+u_2'\sin\beta=\frac{\sqrt{2}}{2}A\cos(\omega t-\beta)$$

$$u_{\sigma 2}=u_2'\cos\beta-u_1'\sin\beta=\frac{\sqrt{2}}{2}A\sin(\omega t-\beta)$$

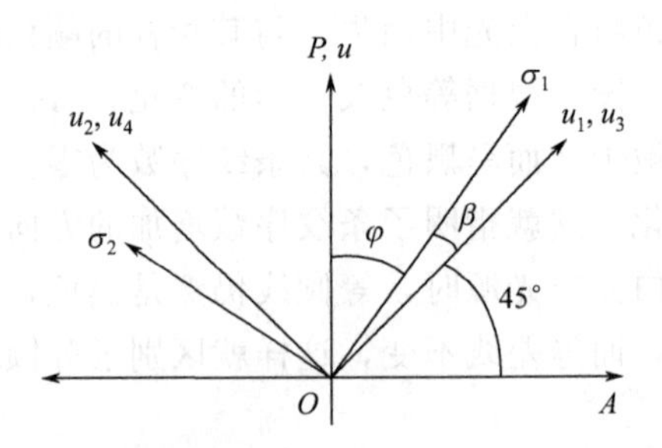

图 3-8　双正交圆偏振光布置中各镜轴与应力主轴的相对位置

通过模型后产生相位差 ϕ，即：

$$u'_{\sigma 1}=\frac{\sqrt{2}}{2}A\cos(\omega t-\beta+\phi)$$

$$u'_{\sigma 2}=\frac{\sqrt{2}}{2}A\sin(\omega t-\beta)$$

到达第二块 1/4 波片时，光波又沿该波片的快、慢轴分解为：

$$u_3=u'_{\sigma 1}\cos\beta-u'_{\sigma 2}\sin\beta$$

$$u_4=u'_{\sigma 1}\sin\beta-u'_{\sigma 2}\cos\beta$$

到达第二块 1/4 波片后，又产生的相位差为 π/2，即：

$$u'_3=\frac{\sqrt{2}}{2}A[\cos(\omega t-\beta+\phi)\cos\beta-\sin(\omega t-\beta)\sin\beta]$$

$$u'_4=\frac{\sqrt{2}}{2}A[\cos(\omega t-\beta)\cos\beta-\sin(\omega t-\beta+\phi)\sin\beta]$$

最后通过检偏镜后得到的偏振光为：

$$u_5=(u'_3-u'_4)\cos 45^{\circ}=A\sin\frac{\phi}{2}\cos\left(\omega t+2\varphi+\frac{\phi}{2}\right)$$

光强为：

$$I=K\left(A\sin\frac{\phi}{2}\right)^2=K\left(A\sin\frac{\pi\delta}{2}\right)^2$$

式中，K 为比例系数。

① 若 $I=0$，则$\frac{\pi\delta}{\lambda}=N\pi$，即：

$$\delta=N\lambda\ (N=0,1,2,3,\cdots)$$

上式表明，只有在光程差 δ 为单色光波长 λ 的整数倍时，消光成为黑点，形成等差线。故产生的黑色等差线为整数级，分别为 0 级、1 级、2 级等。

如果将检偏镜偏振轴 A 旋转 90°，其他元器件均保持不变，则在检偏镜后的光强 I 为：

$$I=K\left(A\cos\frac{\phi}{2}\right)^2=K\left(A\cos\frac{\pi\delta}{\lambda}\right)^2$$

② 若 $I=0$，则$\frac{\pi\delta}{\lambda}=\frac{m}{2}\pi$，即：$\delta=\frac{m}{2}\lambda$（$m=0,1,3,5,\cdots$）。

可见在平行圆偏振布置产生消光的条件为光程差 δ 为单色光半波长 $\lambda/2$ 的奇数倍，故产生的黑色等差线为半数级，分别为 0.5 级、1.5 级、2.5 级等。

3.2.5 非整数条纹级数的确定

(1) 双波片法

如图 3-9 所示的双波片法，采用双正交圆偏振布置，两偏振片的偏振轴 P 和 A 分别与被测点的两个主应力方向重合。转动检偏镜，使被测点 O 成为黑点。此时检偏镜的偏振轴转过了 θ 角而处于 A' 的位置，通过检偏镜后的偏振光为：

$$u_5' = u_3'\cos(45° - \theta) - u_4'\cos(45° + \theta)$$

利用前文得出的 u_3' 和 u_4'，其中 $\beta = 45°$，则：

$$u_5' = a\sin\left(\theta + \frac{\phi}{2}\right)\cos\left(\omega t + \frac{\phi}{2}\right)$$

欲使 O 点处成为黑点，即光强为零，可见必须是 $\sin\left(\theta + \frac{\phi}{2}\right) = 0$，所以有：

$$\theta + \frac{\phi}{2} = N\pi \quad (N = 0, 1, 2, 3, \cdots)$$

将 $\phi = \frac{2\pi\delta}{\lambda}$ 代入上式，得：

$$\frac{\delta}{\lambda} = N - \frac{\theta}{\pi}$$

设测点两旁邻近的两个整数条纹级为 $N-1$ 和 N，如检偏镜向某方向转动 θ_1 角，N 级条纹移至测点，则测点的条纹值为：

$$N_0 = N - \frac{\theta_1}{\pi}$$

如检偏镜向另一方向转动 θ_2 角，$N-1$ 级条纹移至测点，则测点的条纹值为：

$$N_0 = (N-1) + \frac{\theta_2}{\pi}$$

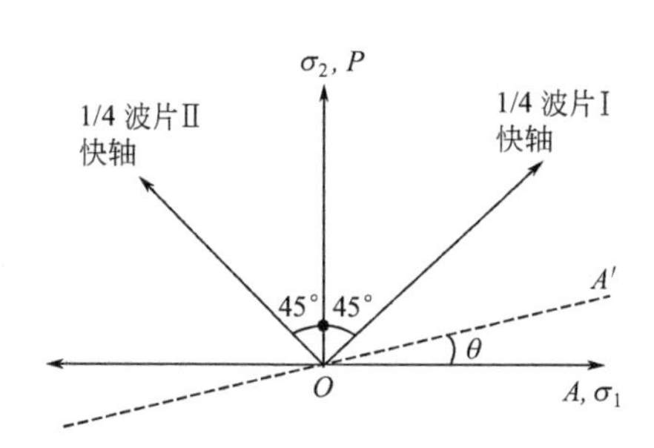

图 3-9 双正交圆偏振光布置中各镜轴与应力主轴的相对位置

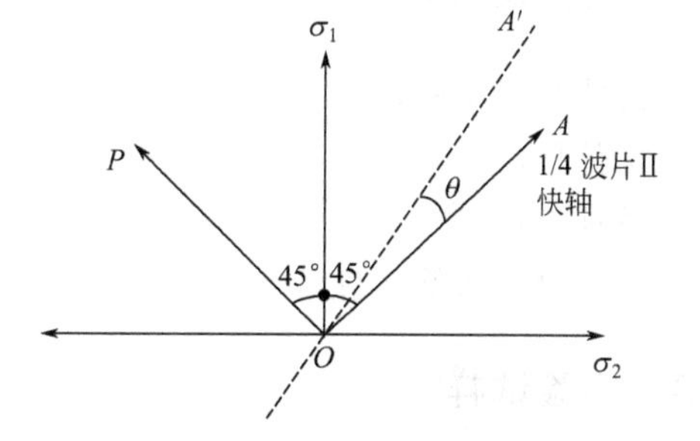

图 3-10 单波片法各主轴的相对位置

(2) 单波片法

如图 3-10 所示的单波片法，只用模型后的一块 1/4 波片，两偏振片的偏振轴正交，与主应力方向成 45°角，波片的快、慢轴与 P 或 A 平行，共他的步骤和与双波片法类似。

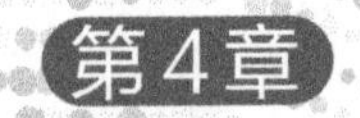

基础实验部分

4.1 拉伸试验

拉伸试验是最基础的试验。通过拉伸试验可以观察材料在外加轴向载荷作用下的变形过程、断裂过程及断裂形式，研究载荷与变形的关系，测定材料常用力学性能指标。

4.1.1 实验目的

① 验证胡克定律，测定低碳钢的弹性常数：弹性模量 E。

② 测定低碳钢拉伸时的强度性能指标：屈服应力 σ_s 和抗拉强度 σ_b。

③ 测定低碳钢拉伸时的塑性性能指标：伸长率 δ 和断面收缩率 φ。

④ 测定灰铸铁拉伸时的强度性能指标：抗拉强度 σ_b。

⑤ 绘制低碳钢和灰铸铁的拉伸图，比较低碳钢与灰铸铁的力学性能和破坏形式。

4.1.2 实验设备和仪器

① 万能材料试验机。

② 引伸仪。

③ 游标卡尺。

④ 低碳钢和铸铁试件各 1 个。

4.1.3 实验试样

按照国家标准 GB/T 228，金属拉伸试样的形状随着产品的品种、规格以及试验目的不同而分为圆形截面试样、矩形截面试样、异形截面试样和不经机加工的全截面形状试样四种。其中最常用的是圆形截面试样和矩形截面试样。如图 4-1 所示，圆形截面试样和矩形截面试样均由平行、过渡和夹持三部分组成。平行部分的试验段长度 l 称为试样的标距，按试样的标距 l 与横截面面积 A 之间的关系，分为比例试样和定标距试样。圆形截面比例试样通常取 $l=10d$ 或 $l=5d$，矩形截面比例试样通常取 $l=11.3\sqrt{A}$ 或 $l=5.65\sqrt{A}$，其中，前者称为长比例试样（简称长试样），后者称为短比例试样（简称短试样）。定标距试样的 l

与 A 之间无上述比例关系。过渡部分以圆弧与平行部分光滑地连接，以保证试样断裂时的断口在平行部分。夹持部分稍大，其形状和尺寸根据试样大小、材料特性、实验目的以及万能试验机的夹具结构进行设计。对试样的形状、尺寸和加工的技术要求参见国家标准 GB/T 228。

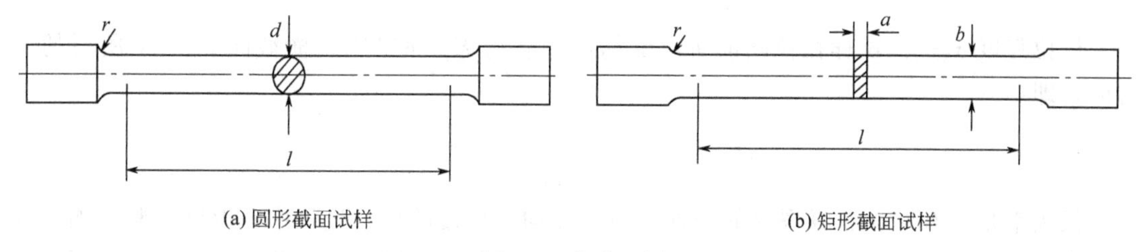

图 4-1　拉伸试样

4.1.4　实验原理

（1）测定低碳钢的弹性常数

实验时，先把试样安装在万能试验机上，再在试样的中部装上引伸仪，并将指针调整到零，用于测量试样中部 l_0 长度（引伸仪两刀刃间的距离）内的微小变形。开动万能试验机，预加一定的初载荷（可取 4kN），同时读取引伸仪的初读数。为了验证载荷与变形之间成正比的关系，在弹性范围内（根据 $\sigma_p \times A$ 求出的最大弹性载荷不超过 14kN）采用等量逐级加载方法，每次递加同样大小的载荷增量 ΔF（可选 $\Delta F=2$kN），在引伸仪上读取相应的变形量。若每次的变形增量大致相等，则说明载荷与变形成正比关系，即验证了胡克定律。弹性模量 E 可按下式算出：

$$E=\frac{\Delta F l_0}{A\overline{\Delta l_0}}$$

式中，ΔF 为载荷增量；A 为试样的横截面面积；l_0 为引伸仪的标距（即引伸仪两刀刃间的距离）；$\overline{\Delta l_0}$ 为在载荷增量 ΔF 下由引伸仪测出的试样变形增量平均值。

（2）测定低碳钢拉伸时的强度和塑性性能指标

弹性模测量定完后，将载荷卸去，取下引伸仪，再次缓慢加载直至试样拉断，以测出低碳钢在拉伸时的力学性能。如图 4-2 所示。

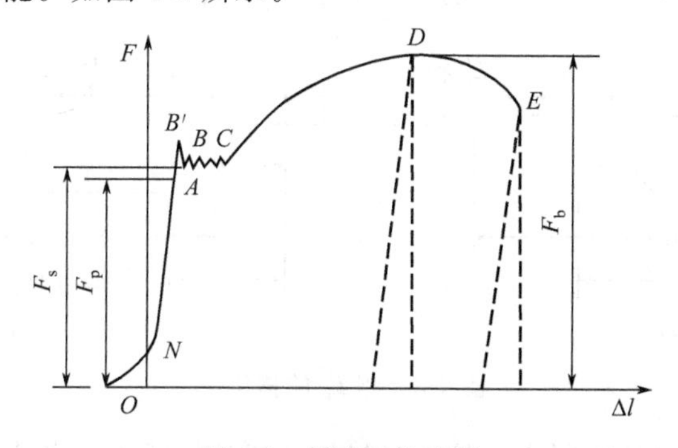

图 4-2　低碳钢拉伸图

① 强度性能指标。

屈服应力（屈服点）σ_s——试样在拉伸过程中载荷不增加而试样仍能继续产生变形时的载荷（即屈服载荷）F_s 除以原始横截面面积 A 所得的应力值，即：

$$\sigma_s = \frac{F_s}{A} \tag{4-1}$$

抗拉强度 σ_b——试样在拉断前所承受的最大载荷 F_b 除以原始横截面面积 A 所得的应力值，即：

$$\sigma_b = \frac{F_b}{A} \tag{4-2}$$

低碳钢是具有明显屈服现象的塑性材料，在均匀缓慢的加载过程中，万能试验机测力盘上的主动指针发生回转时所指示的最小载荷（下屈服载荷）即为屈服载荷。试样超过屈服载荷后，再继续缓慢加载直至试样被拉断，万能试验机的从动指针所指示的最大载荷即为极限载荷。当载荷达到最大载荷后，主动指针将缓慢退回，此时可以看到，在试样的某一部位局部变形加快，出现颈缩现象，随后试样很快被拉断。

② 塑性性能指标。

伸长率——拉断后的试样标距部分所增加的长度与原始标距长度的比例，即：

$$\delta = \frac{l_1 - l}{l} \times 100\% \tag{4-3}$$

式中，l 为试样的原始标距；l_1 为将拉断的试样对接起来后两标点之间的距离。

试样的塑性变形集中产生在颈缩处，并向两边逐渐减小。因此，断口的位置不同，标距 l 部分的塑性伸长也不同。若断口在试样的中部，发生严重塑性变形的颈缩段全部在标距长度内，标距长度就有较大的塑性伸长量；若断口距标距端很近，则发生严重塑性变形的颈缩段只有一部分在标距长度内，另一部分在标距长度外，在这种情况下，标距长度的塑性伸长量就小。因此，断口的位置对所测得的伸长率有影响。为了避免这种影响，国家标准 GB/T 228 对 l_1 的测定作了如下规定。试验前，将试样的标距分成十等份。若断口到邻近标距端的距离大于 $l/3$，则可直接测量标距两端点之间的距离作为 l_1。若断口到邻近标距端的距离小于或等于 $l/3$，则应采用移位法（亦称为补偿法或断口移中法）测定：在长段上从断口零点起，取长度基本上等于短段格数的一段，得到 B 点，再由 B 点起，取等于长段剩余格数（偶数）的一半得到 C 点，如图 4-3(a) 所示；或取剩余格数（奇数）减 1 与加 1 的一半分别得到 C 点与 C_1 点，如图 4-3(b) 所示。

移位后的 l_1 分别为：$l_1 = \overline{AO} + \overline{OB} + 2\overline{BC}$ 或 $l_1 = \overline{AO} + \overline{OB} + \overline{BC} + \overline{BC_1}$。

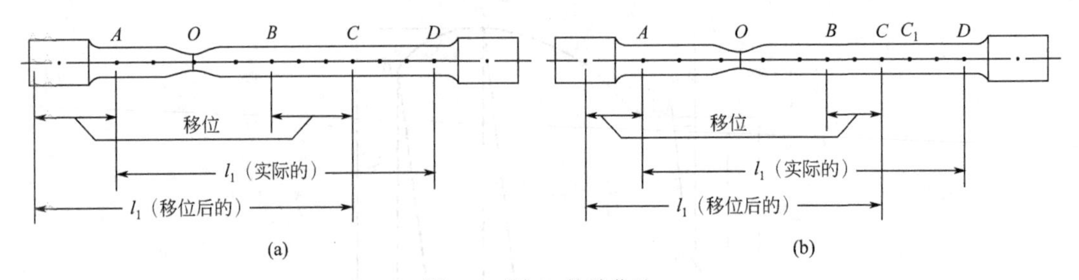

图 4-3　测 l_1 的移位法

测量时，两段在断口处应紧密对接，尽量使两段的轴线在一条直线上。若在断口处形成缝隙，则此缝隙应计入 l_1 内。如果断口在标距以外，或者虽在标距之内，但距标距端点的距离小于 $2d$，则试验无效。

断面收缩率 φ——拉断后的试样在断裂处的最小横截面面积的缩减量与原始横截面面积的比例，即：

$$\varphi=\frac{A-A_1}{A}\times100\% \tag{4-4}$$

式中，A 为试样的原始横截面面积；A_1 为拉断后的试样在断口处的最小横截面面积。

(3) 测定灰铸铁拉伸时强度性能指标

灰铸铁在拉伸过程中，如图 4-4 所示，在变形很小时就会断裂，万能试验机所指示的最大载荷 F_b 除以原始横截面面积 A_0 所得的应力值即为抗拉强度 σ_b，即：

$$\sigma_b=\frac{F_b}{A_0}$$

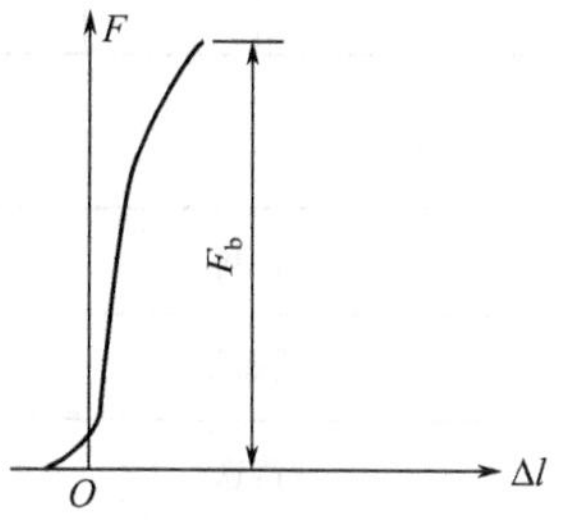

图 4-4 灰铸铁拉伸

4.1.5 实验步骤

(1) 测定低碳钢的弹性常数

① 测量试样的尺寸。

② 先将低碳钢的拉伸试样安装在万能试验机上，再把引伸仪安装在试样的中部，并将指针调零。

③ 按等量逐级加载法均匀缓慢加载，读取引伸仪的读数。

(2) 测定低碳钢拉伸时的强度和塑性性能指标

① 将试样打上标距点，并刻画上间隔为 10mm 或 5mm 的分格线。

② 在试样标距范围内的中间以及两标距点的内侧附近，分别用游标卡尺在相互垂直方向上测取试样直径的平均值作为试样在该处的直径，取三者中的最小值为计算直径。

③ 把试样安装在万能试验机的上、下夹头之间，估算试样的最大载荷，选择相应的量程的万能试验机。

④ 开动万能试验机，匀速缓慢加载，观察试样的屈服现象和颈缩现象，直至试样被拉断为止，并分别记录下屈服时的最小载荷 F_s、拉伸过程中的最大载荷 F_b。

⑤ 取下拉断后的试样，将断口吻合压紧，用游标卡尺量取断口处的最小直径和两标点之间的距离。

(3) 测定灰铸铁拉伸时的强度性能指标

① 测量试样的尺寸。

② 把试样安装在万能试验机的上、下夹头之间，估算试样的最大载荷，选择相应的试验机。

③ 开动万能试验机，匀速缓慢加载直至试样被拉断为止，记录下最大载荷 F_b。

4.1.6 实验数据的记录与计算

（1）记录实验数据，填表4-1、表4-2和表4-3。

表4-1 拉伸试验试件实验前尺寸记录

拉伸材料	标距 L_0/mm	直径/mm									截面面积 A_0/mm^2
		截面1			截面2			截面3			
		(1)	(2)	平均	(1)	(2)	平均	(1)	(2)	平均	

表4-2 拉伸试验实验过程中数据记录

材料	屈服载荷 F_s/kN	最大载荷 F_b/kN
低碳钢		
铸铁	—	

表4-3 拉伸试验试样断后尺寸记录

材料	标距 L_1/mm	断口(颈缩)处直径 d_1/mm			断口处最小横截面积 A_1/mm^2
		(1)	(2)	平均	

（2）测定低碳钢的弹性常数。

（3）计算低碳钢的强度性能指标和塑性性能指标及灰铸铁的强度性能指标。

屈服应力： $\sigma_s=\dfrac{F_s}{A_0}=$ MPa

抗拉强度： $\sigma_b=\dfrac{F_b}{A_0}=$ MPa

伸长率： $\delta=\dfrac{L-L_0}{L_0}\times100\%=$

断面收缩率： $\varphi=\dfrac{A_0-A}{A_0}\times100\%=$

（4）绘制 F-ΔL 示意图。

（5）绘制断后试样草图。

（6）拉伸试验结果的计算精确度。强度性能指标（屈服应力 σ_s 和抗拉强度 σ_b）的计算精度要求为0.5MPa，即凡小于0.25MPa的数值舍去，大于等于0.25MPa而小于0.75MPa的数值化为0.5MPa，大于等于0.75MPa的数值者则进为1MPa。塑性性能指标（伸长率 δ 和断面收缩率 φ）的计算精度要求为0.5%，即凡小于0.25%的数值舍去，大于等于0.25%而小于0.75%的数值化为0.5%，大于等于0.75%的数值则进为1%。

4.1.7 实验报告

实验报告内容包括：填写实验名称、实验目的、设备和仪器名称及型号；简述实验原理；填写实验原始数据，进行实验数据分析与处理；绘制试样破坏形貌示意图；进行分析讨论等。

4.1.8 注意事项

① 实验时必须严格遵守实验设备和仪器的各项操作规程，严禁快速加载。开动万能试验机后，操作者不得离开工作岗位，实验中如发生故障应立即停机。

② 引伸仪系精密仪器，使用时须谨慎小心，不要用手触动指针和杠杆。安装时不能卡得太松，以防实验中脱落摔坏；也不能卡得太紧，以防刀刃损伤造成测量误差。

③ 加载时速度要均匀缓慢，防止冲击。

思考题

（1）低碳钢和灰铸铁在常温静载拉伸时的力学性能和破坏形式有何异同？

（2）测定材料的力学性能有何实用价值？

（3）产生试验结果误差的因素有哪些？应如何避免或减小其影响？

4.2 压缩试验

4.2.1 实验目的

① 测定低碳钢（Q235）压缩时的强度性能指标：压缩屈服应力 σ_{sc}。

② 测定灰铸铁压缩时的强度性能指标：抗压强度 σ_{bc}。

③ 绘制低碳钢和灰铸铁的压缩图，观察、分析、比较低碳钢与灰铸铁在压缩时的变形特点和破坏形式。

4.2.2 实验设备和仪器

① 微机控制电子万能材料试验机。

② 游标卡尺。

③ 压缩试件。

4.2.3 实验试样

按照国家标准 GB/T 7314，金属压缩试样的形状随着产品的品种、规格以及试验目的不同而分为圆柱体试样、正方形柱体试样和板状试样三种。其中最常用的是圆柱体试样和正方形柱体试样，如图 4-5 所示。根据试验的目的，对试样的标距一般规定要求试样 $l=(1\sim2)d$（或 b），其中 d（或 b）$=10\sim20$mm。对试样的形状、尺寸和加工的技术要求参见国家标准 GB/T 7314。

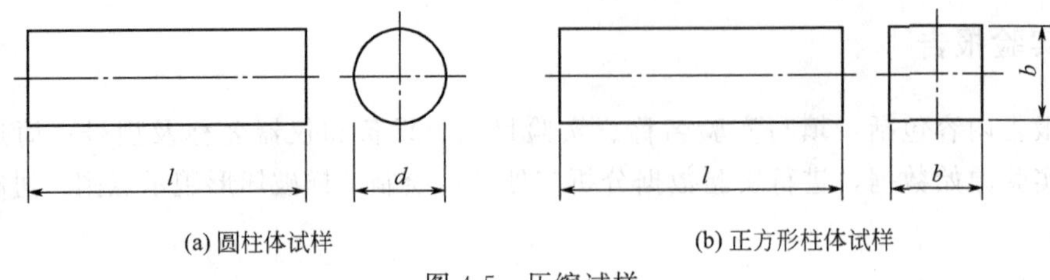

(a) 圆柱体试样　　　(b) 正方形柱体试样

图 4-5　压缩试样

4.2.4　实验原理

(1) 测定低碳钢压缩时的强度性能指标

低碳钢在压缩过程中，当应力小于压缩屈服应力时，其变形情况与拉伸时基本相同，如图 4-6 所示。当达到压缩屈服应力后，试样产生塑性变形，随着压力的继续增加，试样的横截面面积不断变大直至被压扁。故只能测其屈服载荷 F_{sc}，得屈服应力为：

$$\sigma_{sc}=\frac{F_{sc}}{A_0} \tag{4-5}$$

式中，A_0 为试样的原始横截面面积。

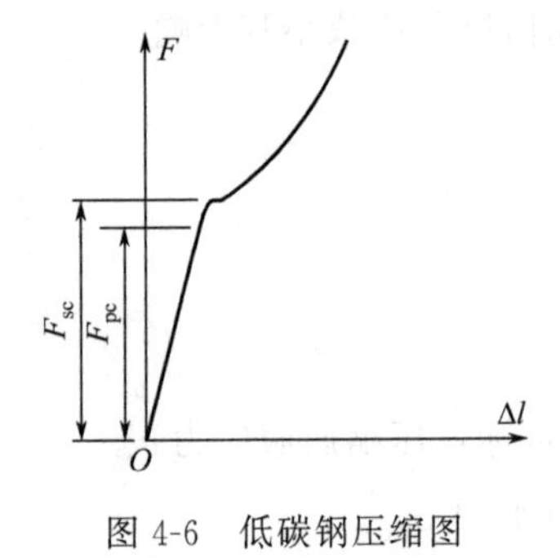

图 4-6　低碳钢压缩图

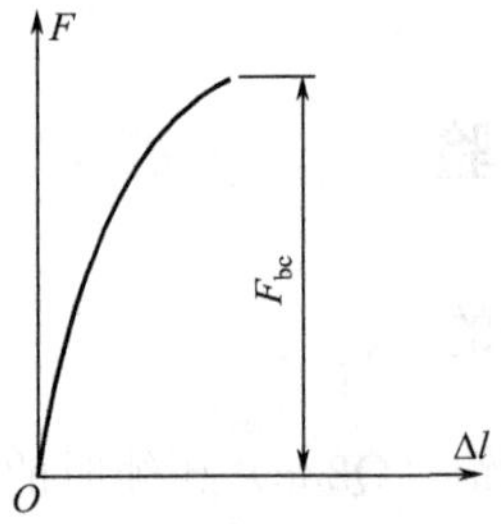

图 4-7　灰铸铁压缩图

(2) 测定灰铸铁压缩时的强度性能指标

灰铸铁在压缩过程中，当试样的变形很小时即发生破坏，故只能测其破坏时的最大载荷 F_{bc}，如图 4-7 所示，抗压强度为：

$$\sigma_{bc}=\frac{F_{bc}}{A_0} \tag{4-6}$$

4.2.5　实验步骤

① 检查试样两端的表面粗糙度和平行度，并涂上润滑油。用游标卡尺在试样的中间截面相互垂直的方向上各测量一次直径，取其平均值作为计算直径，数据列表记录。

② 开机。

③ 检查承垫是否符合要求，试样安装，将试样放进万能试验机的上、下承垫之间，并检查对中情况。

④ 试验机初始位置调整及参数设置。通过试验机操作软件控制试验机横梁的移动，将

横梁调整到合适位置，此时压缩试样的端面应与压头间保持一定的距离。随之进行实验参数的设置，包括试样截面尺寸的输入、数字显示窗口的调零、曲线输出窗口的选择、实验加载方法以及加载速度的调整等。

⑤ 测试。开动万能试验机，均匀缓慢加载，注意读取低碳钢的屈服载荷 F_{sc} 和灰铸铁的最大载荷 F_{bc}，并注意观察试样的变形现象。实验过程中，应注意观察图形和数据显示窗口的变化情况，并记录相关实验数据。

⑥ 卸载并取出破坏试样。取下试样后，注意观察试样形貌有何变化，如图 4-8(a) 和图 4-8(b) 所示。

⑦ 打印出实验报告和曲线。

⑧ 关机，清理实验现场，将相关仪器还原。

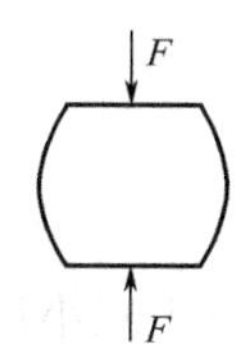

(a) 压缩时低碳钢变形示意图

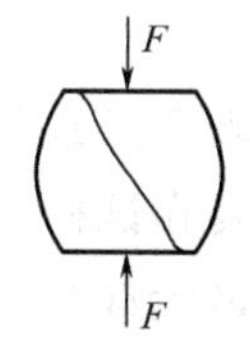

(b) 压缩时灰铸铁破坏断口

图 4-8 压缩后试件形状

4.2.6 实验数据的记录与计算

(1) 记录实验数据，填表 4-4、表 4-5 和表 4-6。

表 4-4 压缩试验试件实验前尺寸记录

压缩材料	高 h/mm	直径 d_0/mm									截面面积 A_0/mm^2
		截面 1			截面 2			截面 3			
		(1)	(2)	平均	(1)	(2)	平均	(1)	(2)	平均	

表 4-5 压缩试验实验过程中数据记录

材料	屈服载荷 F_s/kN	最大载荷 F_b/kN
低碳钢		—
灰铸铁	—	

表 4-6 压缩试验试样实验后尺寸记录

材料	高 h/mm	直径 d_1/mm			横截面面积 A_1/mm^2
		(1)	(2)	平均	

(2) 实验数据处理。

计算低碳钢的压缩屈服应力： $\sigma_{sc}=\dfrac{F_{sc}}{A_0}$

计算灰铸铁抗压强度： $\sigma_{bc}=\dfrac{F_{bc}}{A_0}$

(3) 画出实验后的试样草图以及试样的压缩图。

思考题

(1) 比较低碳钢和灰铸铁在拉伸与压缩时所测得的屈服应力和抗拉、抗压强度的数值有何差别？

(2) 仔细观察灰铸铁的破坏形式并分析破坏原因？

(3) 压缩试验时，为何要在试样两端面涂抹机油？

(4) 铸铁试样压缩，在最大载荷时未破裂，而载荷稍减小后随即破裂，为什么？

(5) 铸铁试样破裂后呈鼓形，说明有塑性变形，可是它是脆性材料，为何有塑性变形？

4.3 扭转试验

4.3.1 实验目的

① 验证剪切胡克定律，测定低碳钢的弹性常数：切变模量 G。

② 测定低碳钢扭转时的强度性能指标：扭转屈服应力 τ_s 和抗扭强度 τ_b。

③ 测定灰铸铁扭转时的强度性能指标：抗扭强度 τ_b。

④ 绘制低碳钢和灰铸铁的扭转图，比较低碳钢和灰铸铁的扭转破坏形式。

4.3.2 实验设备和仪器

① 扭转试验机。

② 游标卡尺。

4.3.3 实验试样

按照国家标准 GB/T 10128—2007《金属材料　室温扭转试验方法》，金属扭转试样的形状随着产品的品种、规格以及试验目的的不同而分为圆形截面试样和管形截面试样两种。其中最常用的是圆形截面试样。通常，圆形截面试样的直径 $d=10$mm，标距 $l=5d$ 或 $l=10d$，平行部分的长度为 $l+20$mm。若采用其他直径的试样，其平行部分的长度应为标距加上两倍直径。试样头部的形状和尺寸应适合扭转试验机的夹头夹持。由于扭转试验时，试样表面的切应力最大，试样表面的缺陷将敏感地影响试验结果，所以，对扭转试样的表面粗糙度的要求要比拉伸试样的高。对扭转试样的加工技术要求参见国家标准 GB/T 10128—2007。

4.3.4　实验原理

（1）测定低碳钢的弹性常数

为了验证剪切胡克定律，在弹性范围内，采用等量逐级加载法。每次增加同样的扭矩ΔM，若扭转角$\Delta\varphi$也基本相等，即验证了剪切胡克定律。根据扭矩增量的平均值$\overline{\Delta M}$，和测得的扭转角增量的平均值$\overline{\Delta\varphi}$，可得到切变模量，即：

$$G=\frac{\overline{\Delta M}l_0}{\overline{\Delta\varphi}I_p}$$

式中，l_0为试样的标距；$I_p=\frac{\pi d^4}{32}$为试样在标距内横截面的极惯性矩，其中d为试样的直径。

若载荷增量的平均值为$\overline{\Delta F}$，则扭矩增量的平均值为$\overline{\Delta M}=\overline{\Delta F}a$，$a$为载荷力臂；若测量点的位移增量平均值为$\overline{\Delta\delta}$，则扭转角增量的平均值为$\overline{\Delta\varphi}=\overline{\Delta\delta}/b$，$b$为测量力臂。将这些关系式代入上式，即得：

$$G=\frac{32\overline{\Delta F}abl_0}{\pi d^4\overline{\Delta\delta}}$$

（2）测定低碳钢扭转时的强度性能指标

试样在外力偶矩的作用下，其上任意一点处于纯剪切应力状态。随着外力偶矩的增加，材料达到屈服阶段，屈服阶段最小外力偶矩的数值即为屈服力偶矩M_{es}，低碳钢的扭转屈服应力为：

$$\tau_s=\frac{3}{4}\frac{M_{es}}{W_p} \tag{4-7}$$

式中，$W_p=\pi d^3/16$，为试样在标距内的抗扭截面模量。

在测出屈服扭矩M_{es}后，改用试验机加载速度，直到试样被扭断为止。记录外力偶矩数值即为最大力偶矩M_{eb}，低碳钢的抗扭强度为：

$$\tau_b=\frac{3}{4}\frac{M_{eb}}{W_p} \tag{4-8}$$

对上述两公式的来源说明如下：

低碳钢试样在扭转变形过程中，利用扭转试验机上的自动绘图装置绘出的M_e-φ图如图4-9(a)所示。当达到图中A点时，M_e与φ成正比的关系开始破坏，这时，试样表面处的切应力达到了材料的扭转屈服应力τ_s，如能测得此时相应的外力偶矩M_{ep}，如图4-9(a)所示，则扭转屈服应力为：

$$\tau_s=\frac{M_{ep}}{W_p}$$

经过A点后，横截面上出现了一个环状的塑性区，如图4-10(a)所示。若材料的塑性很好，且当塑性区扩展到接近中心时，横截面周边上各点的切应力仍未超过扭转屈服应力，此时的切应力分布可简化成图4-10(c)所示的情况，对应的扭矩T_s为：

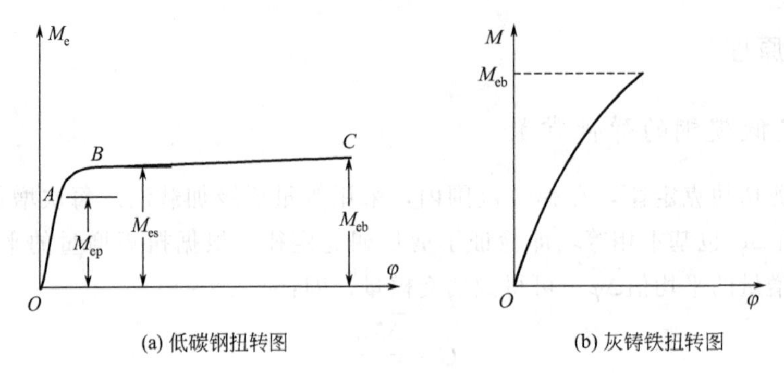

(a) 低碳钢扭转图　　(b) 灰铸铁扭转图

图 4-9　材料扭转图

$$T_s=\int_0^{d/2}\tau_s\rho 2\pi\rho \mathrm{d}\rho=2\pi\tau_s\int_0^{d/2}\rho^2\mathrm{d}\rho=\frac{\pi d^3}{12}\tau_s=\frac{4}{3}W_p\tau_s$$

由于 $T_s=M_{es}$，因此，由上式可以得到：

$$\tau_s=\frac{3}{4}\frac{M_{es}}{W_p}$$

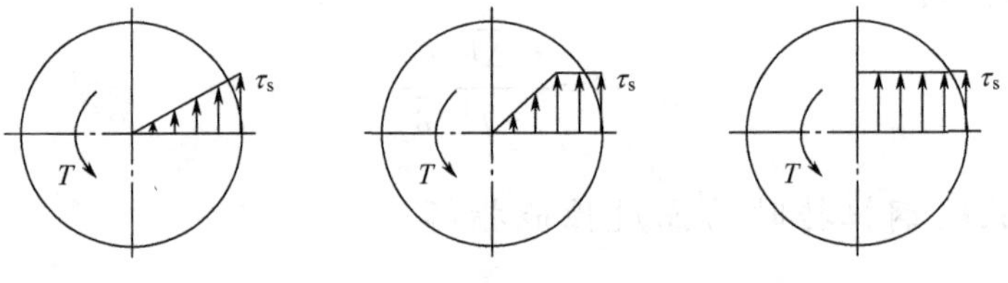

(a)　(b)　(c)

图 4-10　低碳钢圆柱形试样扭转时横截面上的切应力分布

无论从测矩盘上指针前进的情况，还是从自动绘图装置所绘出的曲线来看，A 点的位置都不易精确判定，而 B 点的位置则较为明显。因此，一般均根据由 B 点测定的 M_{es} 来求扭转切应力 τ_s。当然这种计算方法也有缺陷，只有当实际的应力分布与图 4-10(c) 完全相符合时才是正确的，对塑性较小的材料差异是比较大的。从图 4-9(a) 可以看出，当外力偶矩超过 M_{es} 后，扭转角 φ 增加很快，而外力偶矩 M_e 增加很小，BC 近似于一条直线。因此，可认为横截面上的切应力分布如图 4-10(c) 所示，只是切应力值比 τ_s 大。根据测定的试样在断裂时的外力偶矩 M_{eb}，可求得抗扭强度为：

$$\tau_b=\frac{3}{4}\frac{M_{eb}}{W_p}$$

(3) 测定灰铸铁扭转时的强度性能指标

对于灰铸铁试样，只需测出其承受的最大外力偶矩 M_{eb}，如图 4-9(b) 所示，方法同低碳钢试样扭转变形过程。抗扭强度为：

$$\tau_b=\frac{M_{eb}}{W_p} \tag{4-9}$$

由上述扭转破坏的试样可以看出：低碳钢试样的断口与轴线垂直，表明破坏是由切应力引起的；而灰铸铁试样的断口则沿螺旋线方向与轴线约成 45°角，表明破坏是由拉应力引起的。

4.3.5 实验步骤

(1) 测定低碳钢的弹性常数

① 安装试件，调整好设备，初始数据调零。
② 采用等量逐级加载法，记录读数。
③ 卸载，整理仪器，关闭电源。

(2) 测定低碳钢扭转时的强度性能指标

① 测量试样的直径（方法与拉伸试验相同）。
② 将试样安装到扭转试验机上，输入初始数据，选择合适的坐标。
③ 点击“开始”键，按照设定的速度均匀缓慢加载。
④ 注意观察屈服现象，整个材料发生屈服，记录最小外力偶矩 M_{es}。
⑤ 过屈服后，根据初始设置改变加载速度，直至试样被扭断为止，关闭扭转试验机，读取最大外力偶矩 M_{eb}。

(3) 测定灰铸铁扭转时的强度性能指标

① 测量试样的直径（方法与拉伸试验相同）。
② 将试样安装到扭转试验机上，输入初始数据，选择合适的坐标。
③ 点击“开始”键，按照设定的速度均匀缓慢加载，直至试样被扭断为止，关闭扭转试验机，由从动指针读取最大外力偶矩 M_{eb}。

4.3.6 实验数据的记录与计算

① 记录实验数据，填表4-7、表4-8。

表4-7　扭转试验试件实验前尺寸记录

材料	标距 L_0/mm	直径 d_0/mm									截面面积 A_0/mm^2
		截面1			截面2			截面3			
		(1)	(2)	平均	(1)	(2)	平均	(1)	(2)	平均	

表4-8　扭转试验实验数据记录

材料	屈服扭矩 M_{es}/N·m	最大力偶矩 M_{eb}/N·m	扭转角度 φ/(°)
低碳钢			
灰铸铁	—		

② 计算低碳钢和灰铸铁的强度性能指标。

低碳钢：抗扭截面模量　$W_p=\frac{\pi d^3}{16}=$　　　　mm^3

扭转屈服应力 $\tau_s = \frac{3M_{es}}{4W_p} =$ MPa

抗扭强度 $\tau_b = \frac{3M_{eb}}{4W_p} =$ MPa

铸铁： 抗扭截面模量 $W_p = \frac{\pi d^3}{16} =$ mm^3

抗扭强度 $\tau_b = \frac{M_{eb}}{W_p} =$ MPa

思考题

(1) 比较低碳钢与灰铸铁试样的扭转破坏断口，并分析它们的破坏原因。

(2) 根据拉伸、压缩和扭转试验结果，比较低碳钢与灰铸铁的力学性能及破坏形式，并分析原因。

(3) 低碳钢拉伸或扭转的断裂形式是否一样？试分析其破坏原因。

(4) 铸铁在压缩和扭转时，其断口都与试样轴线成45°左右，破坏原因是否相同？

(5) 为什么用扭转试验来测定材料在纯剪应力状态下的力学性质而不用直接剪切试验？

4.4 电阻应变片的粘贴与焊接技术实验和灵敏系数标定实验

使梁所有横截面上的最大弯曲正应力均相同，并等于许用应力，按此设计截面尺寸的梁，称为等强度梁。该实验将在等强度梁上进行电阻应变片的粘贴、焊接及防护，电阻应变片灵敏系数 K 标定以及梁任意横截向上弯曲正应力 σ_w 测定。

4.4.1 实验目的

① 初步掌握常温电阻应变片的粘贴技术。

② 学习应变片灵敏系数 K 标定方法。

③ 进行梁任意横截面上的弯曲正应力 σ_w 测定。

④ 为后续电阻应变测量的实验做好粘贴、接线、防潮、检查等准备工作。

4.4.2 实验设备和仪器

① 常温用电阻应变片。

② 万用表，测量应变片电阻值及绝缘阻抗。

③ 等强度梁试件，温度补偿块。

④ 游标卡尺和卷尺。

⑤ 502或501黏结剂（氰基丙烯酸酯胶黏剂）。

⑥ 电烙铁、镊子、偏口钳、剪刀、焊锡、剥线钳等辅助工具。

⑦ 丙酮、无水乙醇等清洗剂。

⑧ 测量导线、胶带、硅橡胶等辅料等。

4.4.3 实验试样及实验装置

(1) 实验试样

① 电阻应变片的构造和类型。电阻应变片的构造很简单，把一根很细的具有高电阻率的金属丝在制片机上按图4-11排绕后，用黏结剂粘贴在两片薄纸之间，再焊上较粗的引出线，即成为早期常用的丝式应变片。

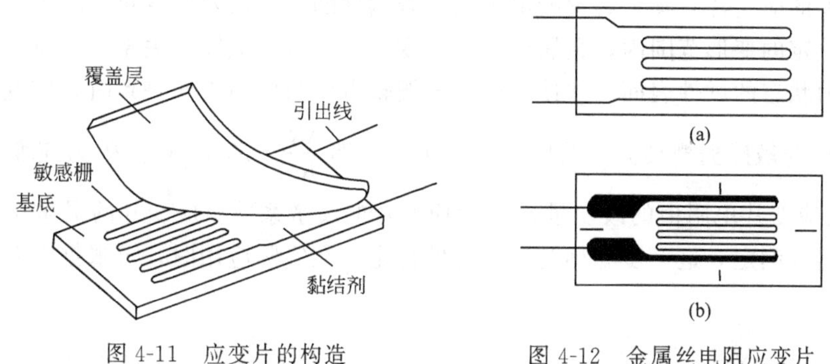

图4-11 应变片的构造　　图4-12 金属丝电阻应变片

应变片一般由敏感栅（即金属丝）、黏结剂、基底、引出线和覆盖层五部分组成。若将应变片粘贴在被测构件的表面，当金属丝随构件一起变形时，其电阻值也随之变化。

电阻应变片有多种形式，常用的有丝式应变片如图4-12(a)、短接式应变片和箔式应变片如图4-12(b)。应变片是由$\phi=0.02\sim0.05$mm的康铜丝或镍铬丝绕成栅状（或用很薄的金属箔腐蚀成栅状）夹在两层绝缘薄片（基底）中制成的，用镀锡铜线与应变片丝栅连接作为应变片引线，用来连接测量导线。

一般丝式应变片多用纸基，价格低、粘贴容易，但耐久性、耐湿性较差，横向效应大，在要求不高时使用；短接式应变片制作比较容易，在一排拉直的电阻丝之间，在预定的标距上用较粗的导线相间地造成短路，优点是几何形状较容易保证，而横向效应很小；箔式应变片多用胶基，可用于150℃以下的中温和常温测试，它绝缘性能好，参数分散性小，精度高，在应变测量中应用最广泛。它们均属于单轴应变片，即一个基底上只有一个敏感栅，用于测量沿栅轴方向的应变。

在同一基底上按一定角度布置了几个敏感栅，可测量同一点沿几个敏感栅栅轴方向的应变的，称为多轴应变片，俗称应变花，如图4-13所示。

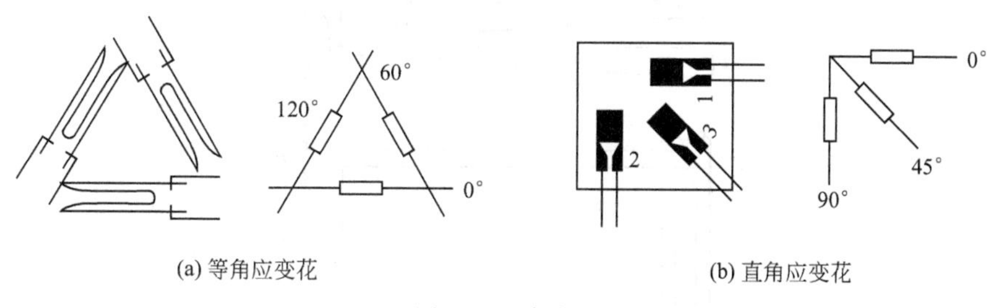

(a) 等角应变花　　(b) 直角应变花

图4-13 应变花

应变花主要用于测量平面应力状态下某点的主应力和主方向。常见的应变花有等角应变花和直角应变花（或45°应变花）等。若三个敏感栅轴线互成120°角，称为等角应变花，如图4-13(a) 所示；若两敏感栅轴线互相垂直，另一敏感栅轴线在它们的分角线上，称为直角应变花（或45°应变花），如图4-13(b) 所示。

② 电阻应变片的灵敏系数。在用应变片进行应变测量时，需要对应变片中的金属丝加上一定的电压。为了防止电流过大，产生发热和熔断等现象，要求金属丝有一定的长度，以获得较大的初始电阻值。但在测量构件的应变时，又要求尽可能缩短应变片的长度，以测得“一点”的真实应变。因此，应变片中的金属丝一般做成图4-12所示的栅状，称为敏感栅。粘贴在构件上的应变片，其金属丝的电阻值随着构件的变形而发生变化的现象，称为电阻应变现象。在一定的变形范围内，金属丝的电阻变化率与应变成线性关系。当将应变片安装在处于单向应力状态的试件表面，并使敏感栅的栅轴方向与应力方向一致时，应变片电阻值的变化率 $\Delta R/R$ 与敏感栅栅轴方向的应变 ε 成正比，即 $\frac{\Delta R}{R}=K\varepsilon$，式中 R 为应变片的原始电阻值；ΔR 为应变片电阻值的改变量；K 为应变片的灵敏系数。应变片的灵敏系数一般由制造厂家通过实验测定，这一步骤称为应变片的标定。在实际应用时，可根据需要选用不同灵敏系数的应变片。

(2) 实验装置

按等强度理论有：

$$\sigma_{\max}=\frac{|M(x)|}{W(x)}=[\sigma]$$

由此得：

$$W(x)=\frac{|M(x)|}{[\sigma]}$$

对于矩形截面，若保持厚度 h 不变，则有：$\dfrac{Fx}{\dfrac{b(x)h^2}{6}}=[\sigma]$，故 $b(x)=\dfrac{6Fx}{h^2[\sigma]}$

考虑到端部剪力影响，有：

$$\tau_{\max}=\frac{3}{2}\frac{F_{s\max}}{A}=\frac{3}{2}\frac{F}{hb_{\min}}=[\tau]，即要求\ b_{\min}=\frac{3F}{2h[\tau]}$$

由此设计的等强度梁如图4-14所示，AB 部分宽度满足 $b(x)=\dfrac{6Fx}{h^2[\sigma]}$，$b(x)$、$h$ 为距 A 点 x 的梁的宽度和厚度，BC 部分为保证足够的剪切强度，其宽度等于 b_2。

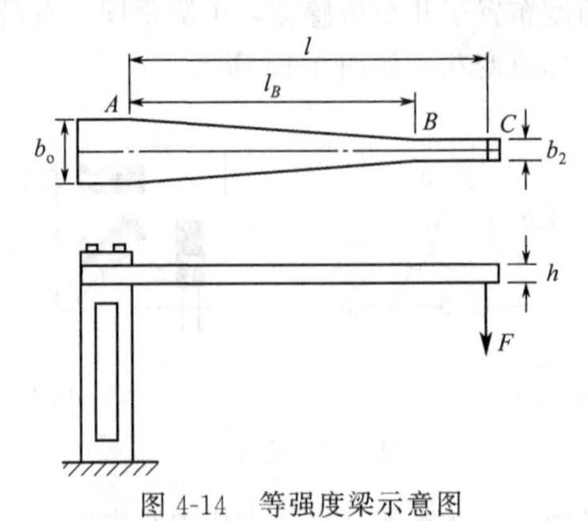

图4-14 等强度梁示意图

4.4.4 实验内容和要求

(1) 电阻应变片粘贴、焊接及防护

常温应变片通常采用黏结剂粘贴在构件的表面。粘贴应变片是测量准备工作中最重要的一个环节。电测应力分析中，构件表面的应变通过黏结层传递给应变片。显然，只有黏结层均匀、无气泡、牢固、不产生蠕滑，又不脱胶。才能保证应变片如实地再现构件表面的变形。应变片的粘贴由手工操作，一般按如下步骤进行：

① 应变片的筛选。从同一包装袋中取出应变片，先用手拿住应变片引线，观察应变片丝栅是否正常，有无霉点和锈斑。然后用数字万用表和单臂万用电桥对所用应变片逐一进行测试。用灵敏系数相同的原则，选出一组应变片，这组应变片的阻值相差不超过0.2Ω为宜。

② 试样的表面清理。为了能使应变片牢固地贴在试件表面上，试件表面贴片处的清理十分重要。首先，应将试件贴片部位的漆层、油污以及锈层清除干净，用细砂纸按45°交叉打磨。在试件表面画出定位线，以便准确粘贴。划出标志线后，用粘有丙酮的棉球擦拭试件表面，更换棉球反复擦拭，直至棉球无黑为止，已经清洗后的表面勿用手接触，保持干净，以待使用。

③ 应变片的粘贴。粘贴的方法视所选用的黏结剂和应变片的基底材料不同而异，对纸基应变片，常温下采用502快干胶、环氧树脂胶等。贴片时，在试样粘贴表面先涂一薄层黏结剂，用手指捏住（或镊子钳住）应变片的引线，在基底上也涂一层黏结剂，立刻将引线放置于试样上，并且使应变片的基准线对准刻划在试样上的标志线，盖上透明薄膜（以免粘住手指），用手指柔和滚压应变片，挤出多余的胶水和气泡，注意滚压时不要使应变片移动.用手指静压约1min后，从应变片无引线的一端向有引线的一端轻轻揭开薄膜，检查应变片有无气泡、翘曲、脱胶等现象，否则须重贴。

④ 黏结剂的干燥固化。贴片后应按照使用的黏结剂所规定的方法和时间进行干燥固化，一般选用室温可以固化的黏结剂，自然干燥时间约为15～24h。为了快速固化，可以自然干燥数小时后，选用红外线灯烘烤，温度应控制在40～80℃，且勿骤热。若在潮湿的环境中贴片，烘干后应立即采用防潮措施。

⑤ 粘贴质量检查。首先观察应变片粘贴的位置是否正确，粘贴面有无气泡及边角翘起等现象，用万用表测应变片的电阻值，是否有短路或断路现象。注意应变片的引出线不要粘在试样上，如已粘上应轻轻将其脱离，并在试样上粘贴胶带以便于绝缘。

⑥ 导线的焊接和固定。事先将所需导线一端的塑料皮剥去3mm并涂上焊锡，并使这端靠近应变片引出线，然后用电烙铁将应变片引出线与测量导线焊接在一起，焊点要求光滑小巧，防止虚焊。用万用表再次检查应变片是否通路（两导线之间电阻约120Ω）、丝栅与试样之间是否绝缘，绝缘电阻一般应大于50MΩ。焊完所有的应变片后，将各应变片与相应的导线编号，以方便数值记录。

⑦ 应变片的保护与密封。按照测试任务的要求，应变片可能工作在各种不同的环境条件下，如高温、高压环境及油、水、化学试剂、土等不同介质。为了防止其他工作或有害介质损坏、腐蚀应变片而使其不能传递应变，应对应变片采取防护与密封措施。采用最简单的方法是在应变片粘贴完成后，根据需要用石蜡、纯凡士林、环氧树脂等对应变片的表面进行涂覆保护。

(2) 应变片灵敏系数标定

① 实验原理。粘贴在试样上的应变片，在沿轴线方向受均匀单向应力作用时，应变片

的电阻变化率在一定范围内与试样的应变成正比，其比例常数即为灵敏系数 K。

$$K=\frac{\Delta R/R}{\varepsilon} \tag{4-10}$$

式中，$\Delta R/R$ 为应变片的电阻变化率；ε 为试样的应变。因此，通过测量电阻变化率 $\Delta R/R$ 和试样应变 ε，即可求得灵敏系数 K。

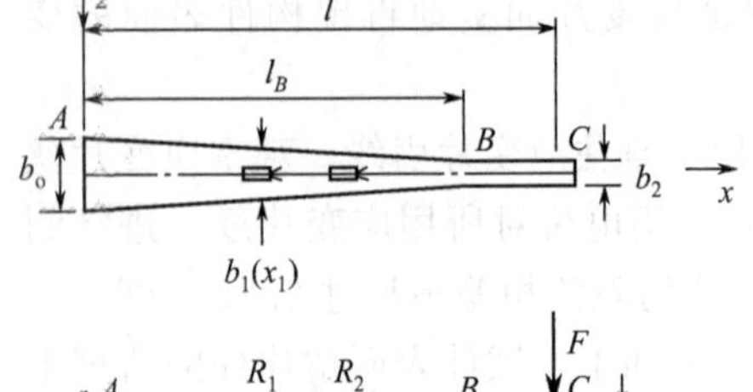

图 4-15　等强度梁力学模型

电阻应变片灵敏系数的测量装置如图 4-15 所示。试样是钢质等强度梁，一端固定，另一端自由，在离左端为 x_1 和 x_2 处的上、下表面分别粘贴有应变片 R_1、R_2 和 R_3、R_4，当自由端作用有力 F 时，等强度梁表面任意一点的应变由下式计算：

$$\varepsilon=\frac{6F(l-x)}{Eb(x)h^2} \tag{4-11}$$

式中，$b(x)$、h 为测点距 A 点 x 处梁的宽度和厚度；E 为梁材料的弹性模量。

应变片的电阻变化率 $\Delta R/R$ 由电阻应变仪测出的应变值 ε_0 和仪器设定的灵敏系数 K_0 计算所得，即：

$$\frac{\Delta R}{R}=K_0\varepsilon_0 \tag{4-12}$$

② 实验步骤。首先测量试样尺寸 $(l-x)$、$b(x)$ 和 h，并记录于表 4-9 中；安装试样，将 4 枚工作片和补偿片按单臂（多点）半桥公共温度补偿即 1/4 桥接入应变仪选定通道上，对应变仪所选通道调零。然后加载 ΔF，记录应变值 $\varepsilon_i(i=1,2,\cdots)$，代入式（4-12）求得各应变片电阻变化率 $\frac{\Delta R}{R}$，再根据式（4-10）和式（4-11）求得应变片灵敏系数 $K_i(i=1,2,\cdots)$。将数据记录于表 4-9 中。

表 4-9　电阻应变片参数表

基本参数/mm	$l=$	$x_1=$	$x_2=$	$b(x)=$	$h=$
弹性模量 $E=$　　GPa		载荷 $\Delta F=$　　N		应变仪灵敏系数 $K_0=$	
电阻		R_1	R_2	R_3	R_4
应变片应变　/$\varepsilon\mu$					
电阻变化率 $\frac{\Delta R}{R}$					
灵敏系数 K					

对灵敏系数取算术平均值 $\overline{K}$，并由下式计算标准差：

$$\sigma=\sqrt{\frac{\sum_{i=1}^{n}(K_i-\overline{K})^2}{n-1}} \tag{4-13}$$

则所测电阻应变片的灵敏系数为：

$$K=\overline{K}\pm\sigma \tag{4-14}$$

(3) 等强度梁任意横截面上弯曲正应力的测试

测量梁的几何尺寸($l, l_B, b_0, b_2, h, x_1, x_2$)，其中 b_0 为梁最宽处的宽度，然后将自己所粘贴的应变片接入自己设计的桥路中，测定相应点的应变值，进而计算出对应点的弯曲正应力。验证等强度梁各横截面上应变（应力）是否相等，并进行误差分析。

4.4.5 注意事项

① 测量应变阻值时，注意不要两只手都与应变片引线接触，以免将人体电阻并到应变片电阻中。

② 焊接应变片导线时时间不要过长（一般在 3s 左右），一次没有焊好应间隔几秒进行补焊。

③ 将连接导线用胶带固定好，以免将接线端子扯掉，拽断应变片导线。

④ 焊接前将应变片导线上的残余胶黏剂清除干净（如用 502 胶水）。

⑤ 焊完后的电阻应变片上多余连接导线应用剪刀剪掉。

4.5 电阻应变仪桥路练习实验

4.5.1 实验目的

① 掌握在静载荷下使用静态电阻应变仪的单点应变测量方法。

② 学会电阻应变片半桥、全桥接法。

4.5.2 实验设备和仪器

① 纯弯曲梁实验装置或等强度梁实验装置或 XL3418C 材料力学多功能实验装置。

② 静态电阻应变仪或 XL2118 系列力 & 应变综合参数测试仪。

4.5.3 实验原理

实验原理及方法见 3.1.4 小节。

4.5.4 实验步骤

① 设计好本实验所需的各类数据表格。

② 测量等强度梁的有关尺寸，确定试件有关参数。

③ 拟订加载方案，分 4 级加载（每级载荷 20N）。

④ 实验采用单点测量，一个 1/4 桥，一个半桥，两个全桥接线法。

⑤ 将梁上选取的测点应变片按序号接到电阻应变仪测试通道上，温度补偿片接电阻应变仪公共补偿端。

⑥ 按实验要求接好线，调整好仪器，检查整个测试系统是否处于正常工作状态。

⑦ 实验加载。加载前对电阻应变仪调平衡，然后逐级加载，每增加一级载荷，依次记录各点应变仪的读数，直至终载荷。实验至少重复三次，实验数据记录到表 4-10 中。

⑧ 实验结束后，卸掉载荷，关闭仪器电源，整理好所用仪器设备，清理实验现场，将所用仪器设备复原，实验资料交指导教师检查签字。

4.5.5 实验数据记录与计算

① 记录实验数据，填入表 4-10 中，计算相应的平均值。

表 4-10 电阻应变仪桥路练习实验数据

载荷/N		应变/$\mu\varepsilon$							
		第 1 个桥路		第 2 个桥路		第 3 个桥路		第 4 个桥路	
F	ΔF	ε_1	$\Delta\varepsilon_1$	ε_2	$\Delta\varepsilon_2$	ε_3	$\Delta\varepsilon_3$	ε_4	$\Delta\varepsilon_4$
平均值		$\overline{\Delta\varepsilon}_1=$		$\overline{\Delta\varepsilon}_2=$		$\overline{\Delta\varepsilon}_3=$		$\overline{\Delta\varepsilon}_4=$	

② 画出相应的桥路示意图。

4.5.6 注意事项

① 测试仪器未开机前，一定不要进行加载，以免在实验中损坏试件。

② 实验前一定要设计好实验方案。

③ 加载过程中一定要缓慢加载，不可快速进行加载，以免超过预定加载载荷值，造成测试数据不准确，同时注意不要超过实验方案中预定的最大载荷，以免损坏试件。

④ 实验结束，一定要先将载荷卸掉，也可将加载附件一起卸掉，以免误操作损坏试件。

⑤ 确认载荷完全卸掉后，关闭仪器电源，整理实验台面。

4.6 等强度梁材料弹性模量 E、泊松比 μ 测定实验

4.6.1 实验目的

① 测定常用金属材料的弹性模量 E 和泊松比 μ。

② 验证胡克（Hooke）定律。

4.6.2 实验设备和仪器

① 等强度梁实验装置或 XL3418C 材料力学多功能实验装置。

② 静态电阻应变仪或 XL2118 系列力 & 应变综合参数测试仪。

③ 游标卡尺、钢板尺。

4.6.3　实验原理

等强度梁实验装置如图 4-16 所示。实验时使用的等强度梁上表面粘贴 4 枚电阻应变片，补偿块上粘贴 2 枚温度补偿片。

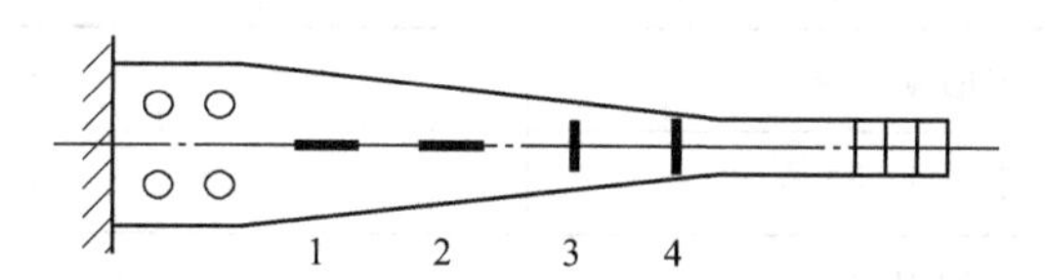

图 4-16　等强度梁实验装置（1～4 为测点）

（1）弹性模量 E 测定实验

测等强度梁纵轴线上应变片的应变值，而后利用计算的应力值可算得等强度梁材料的弹性模量 E（详见 2.12.1 小节）。

由

$$\sigma=\frac{Gx}{W} \quad 及 \quad W=\frac{b_x h^2}{6}$$

可得到：

$$\sigma=\frac{Gx}{\frac{b_x h^2}{6}}=\frac{6Gx}{b_x h^2}$$

$$E=\frac{\sigma}{\varepsilon_x} \tag{4-15}$$

（2）泊松比 μ 测定实验

分别用等强度梁纵轴线 x（1 或 2）和横轴线 z（3 或 4）贴应变片，测得纵轴线应变值 $\overline{\varepsilon_x}$ 和横轴线应变值 $\overline{\varepsilon_z}$，则泊松比：

$$\mu=\left|\frac{\overline{\varepsilon_z}}{\overline{\varepsilon_x}}\right| \tag{4-16}$$

4.6.4　实验步骤

① 设计好本实验所需的各类数据表格。

② 测量等强度梁的有关尺寸，确定试件有关参数。

③ 拟订加载方案，分 4 级加载（每级载荷 20N）。

④ 实验采用多点测量中半桥单臂公共补偿接线法。将等强度梁上选取的测点应变片按序号接到电阻应变仪测试通道上，温度补偿片接电阻应变仪公共补偿端。

⑤ 按实验要求接好线，调整好仪器，检查整个测试系统是否处于正常工作状态。

⑥ 实验加载。加载前对电阻应变仪调平衡，然后逐级加载，每增加一级载荷，依次记录各点应变仪的读数，直至终载荷。实验至少重复三次，实验数据记录到表 4-11、表 4-12 中。

⑦ 实验结束后，卸掉载荷，关闭仪器电源，整理好所用仪器设备，清理实验现场，将所用仪器设备复原，实验资料交指导教师检查签字。

4.6.5 实验数据的记录与计算

① 记录实验数据，填入表 4-11、表 4-12 中。

表 4-11 等强度梁试样相关数据

距载荷点 x 处梁的宽度	$b_x=$ mm
梁的厚度	$h=$ mm
载荷作用点到测试点距离	$x=$ mm
弹性模量	$E=$ GPa
泊松比	$\mu=$

表 4-12 实验数据

载荷/N		应变/$\mu\varepsilon$							
		测点 1		测点 2		测点 3		测点 4	
F	ΔF	ε_1	$\Delta\varepsilon_1$	ε_2	$\Delta\varepsilon_2$	ε_3	$\Delta\varepsilon_3$	ε_4	$\Delta\varepsilon_4$

② 矩形截面拉伸梁实验装置或 XL3418C 材料力学多功能实验装置。

③ 静态电阻应变仪或 XL2118 系列力 & 应变综合参数测试仪。

④ 游标卡尺、钢板尺。

4.7 拉伸梁材料弹性模量 E、泊松比 μ 测定实验

4.7.1 实验目的

(1) 在材料的比例极限内验证胡克定律。

(2) 测定低碳钢的弹性模量 E 和泊松比 μ。

4.7.2 实验设备和仪器

(1) 万能材料试验机。

(2) XL3418C 材料力学多功能试验装置。

(3) 静态电阻应变仪。

（4）矩形截面拉伸梁。

（5）游标卡尺。

4.7.3　实验原理

采用低碳钢材料制成板状试件，安装在试验机上、下夹头中，使之承受轴向拉伸载荷。用电阻应变仪来测量试件的应变值，应事先在试件上贴好电阻应变片、如图4-17所示，为了消除弯曲变形的影响（偏心拉伸），可在试件前后面的中心线上粘贴两片电阻应变片，再在前后面的横向上再对称地粘贴两片电阻应变片，尽量采用同一规格的电阻片。可根据下式计算弹性模量 E 值：

$$E=\frac{\Delta F}{\overline{\Delta\varepsilon}A} \tag{4-17}$$

式中，A 为试件横截面积；ΔF 为载荷增量；$\overline{\Delta\varepsilon}$ 为纵向应变增量平均值。

在比例极限以内，材料的横向应变 ε' 与纵向应变 ε 绝对值之比为材料的泊松比（横向变形系数）即：

$$\mu=\left|\frac{\varepsilon'}{\varepsilon}\right| \tag{4-18}$$

式中，ε' 是图4-17中横向电阻片（1、2）所测出的横向应变值。图4-17中3、4为纵向电阻片。

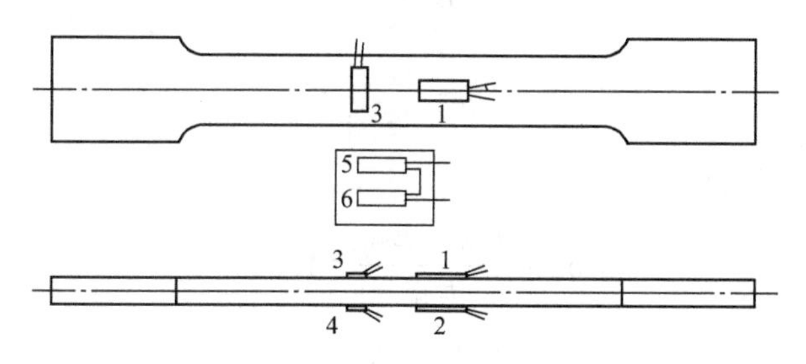

图4-17　试件横向应变值测试

4.7.4　实验步骤

① 用游标卡尺测量试件尺寸，计算试件横截面面积，估计试验过程的最大载荷。

② 将试件上的应变片按1/4桥接法连接桥路。将对称粘贴的工作应变片1和2串联后接在A、B接线柱上，3和4工作应变片也串联后接在A、B接线柱上。5和6两片作为温度补偿片也串联后接在A和D接线柱上，这样加载后便可由应变仪直接读出试件的纵向应变和横向应变。

③ 缓慢加载后便可由应变仪直接读数。按分级载荷读出相应的点的应变量，并认真记录。记录完最后一级加载读数，停机，卸载，取下试件。

④ 小心拆除电阻应变片与电阻应变仪的连线。

4.7.5　实验数据的记录与计算

① 实验记录，将实验数据及结果处理并填入表4-13、表4-14中。

表 4-13 试件参数尺寸

参数	厚度 h/mm	宽度 b/mm	面积 A/mm²
尺寸			

表 4-14 测试记录及数据处理

载荷/kN		轴向应变/$\mu\varepsilon$		横向应变/$\mu\varepsilon$	
F	ΔF	ε	$\Delta\varepsilon$	ε'	$\Delta\varepsilon'$
平均值					

② 实验值计算。

材料弹性模量 E：

$$\sigma=\frac{6Fx}{b_x h^2}$$

$$E=\frac{\sigma}{\varepsilon_x}$$

材料泊松比 μ：

$$\mu=\left|\frac{\varepsilon_z}{\varepsilon_x}\right|$$

③ 理论值与实验值比较。

$$\delta_{\mathrm{E}}=\frac{E_{理}-E_{实}}{E_{理}}\times 100\%$$

$$\delta_{\mu}=\frac{\mu_{理}-\mu_{实}}{\mu_{理}}\times 100\%$$

4.7.6 注意事项

① 整个试验过程至少要四级或五级加载较为合适。注意试件承受的最大应力不能超过材料的比例极限。

② 对使用的实验仪器设备必须了解清楚之后，方可以使用，要严格遵守操作规程。

③ 使用电阻应变仪测应变时，在连接好线路后，必须认真检查，然后才能接通电源。在测量、加载过程中发现不正常现象应停机（关闭电阻应变仪的电源开关）进行检查。

4.8 矩形截面梁的弯曲正应力实验

4.8.1 实验目的

① 熟悉电测法的基本原理和静态电阻应变仪的使用方法。

② 测量矩形截面梁在纯弯曲时横截面上正应力的分布规律。

③ 比较正应力的实验测量值与理论计算值的差别。

4.8.2 实验设备和仪器

① 纯弯曲梁实验台或 XL3418C 材料力学多功能实验装置。

② 静态电阻应变仪或 XL2118 系列力 & 应变综合参数测试仪。

③ 游标卡尺、钢板尺。

4.8.3 实验原理

实验装置如图 4-18 所示，矩形截面梁采用低碳钢制成。在发生纯弯曲变形梁段的侧面上，沿与轴线平行的不同高度上均匀粘贴有五个应变片作为工作片，另外在梁的右支点以外粘贴有一枚应变片作为温度补偿片。

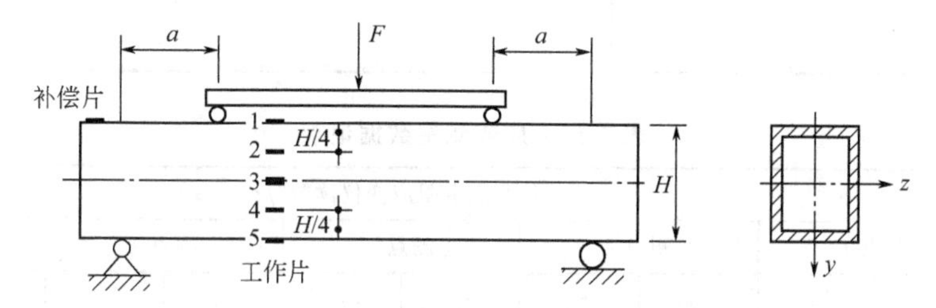

图 4-18 矩形截面梁的纯弯曲试验（1～5 为测点）

将五枚工作片和温度补偿片的引线以 1/4 桥形式分别接入电阻应变仪面板上的五个通道中，组成五个电桥（其中工作片的引线接在每个电桥的 A 和 B 端，温度补偿片接在电桥的 A 和 D 端）。当梁在载荷作用下发生弯曲变形时，工作片的电阻值将随着梁的变形而发生变化，通过电阻应变仪可以分别测量出各对应位置的应变值。

根据胡克定律，可计算出相应的应力值：

$$\sigma_{实}=E\varepsilon_{实} \tag{4-19}$$

式中，E 为梁材料的弹性模量。

梁在纯弯曲变形时，横截面上的正应力理论计算公式为：

$$\sigma_{理}=\frac{My}{I_z} \tag{4-20}$$

式中，$M=Fa/2$，为横截面上的弯矩；$I_z=bh^3/12$，为梁的横截面对中性轴的惯性矩；y 为中性轴到欲求应力点的距离。

4.8.4 实验步骤

① 测量矩形截面梁的各个尺寸，预热电阻应变仪。

② 将各种仪器连接好，各应变片按 1/4 桥接法接到电阻应变仪的所选通道上。

③ 调节各通道的电桥使其平衡。

④ 电测实验台的加载机构，采用等量逐级加载，每增加一级载荷，分别读出各电阻应变片的应变值。

⑤ 记录实验数据。

⑥ 整理仪器，结束实验。

4.8.5 实验数据的记录与计算

① 实验数据记录与计算，填入表4-15、表4-16、表4-17。

表4-15 试样和电阻应变片数据

弹性模量 E/GPa	应变片灵敏系数 K	截面尺寸		轴惯性矩 $(I_z=bh^3/12)$/m^4	试件安装尺寸 a/mm	至中性层距离/mm
		b/mm	h/mm			
206						$y_1=$
						$y_2=$
						$y_3=$
						$y_4=$
						$y_5=$

表4-16 应变测量数据记录

载荷/N	载荷增量/N	各测点电阻应变仪读数/$\mu\varepsilon$									
		测点1		测点2		测点3		测点4		测点5	
		ε_1	$\Delta\varepsilon_1$	ε_2	$\Delta\varepsilon_2$	ε_3	$\Delta\varepsilon_3$	ε_4	$\Delta\varepsilon_4$	ε_5	$\Delta\varepsilon_5$
平均应变值		$\Delta\bar{\varepsilon}_1=$		$\Delta\bar{\varepsilon}_2=$		$\Delta\bar{\varepsilon}_3=$		$\Delta\bar{\varepsilon}_4=$		$\Delta\bar{\varepsilon}_5=$	

② 理论值计算：$\sigma_{理}=\dfrac{My}{I_z}$。

③ 实验值计算：$\sigma_{实}=E\varepsilon_{实}$。

④ 理论值与实验值比较：$\delta=\dfrac{\sigma_{理}-\sigma_{实}}{\sigma_{理}}\times100\%$。

表4-17 实验值与理论值的比较

测　点	理论值 $\sigma_{理}$/MPa	实测值 $\sigma_{实}$/MPa	相对误差/%
1			
2			
3			
4			
5			

4.8.6 注意事项

① 加载时要缓慢，防止冲击。
② 读取应变值时，应保持载荷稳定。
③ 各引线的接线柱必须拧紧，测量过程中不要触动引线，以免引起测量误差。

4.9 等强度梁的弯曲正应力实验

4.9.1 实验目的

① 测定等强度梁弯曲正应力。
② 练习多点应变测量方法，熟悉掌握应变仪的使用方法。

4.9.2 实验设备和仪器

① 等强度梁实验台或XL3418C材料力学多功能实验装置。
② 静态电阻应变仪或XL2118系列力&应变综合参数测试仪。
③ 游标卡尺、钢板尺。

4.9.3 实验原理及接线方式

(1) 实验原理

等强度梁为悬臂梁，如图4-19所示。当悬臂梁上加一个载荷F时，距加载点x距离的断面上弯矩为：

$$\frac{\Delta R_1}{R_1}=\frac{\Delta R_4}{R_4}$$

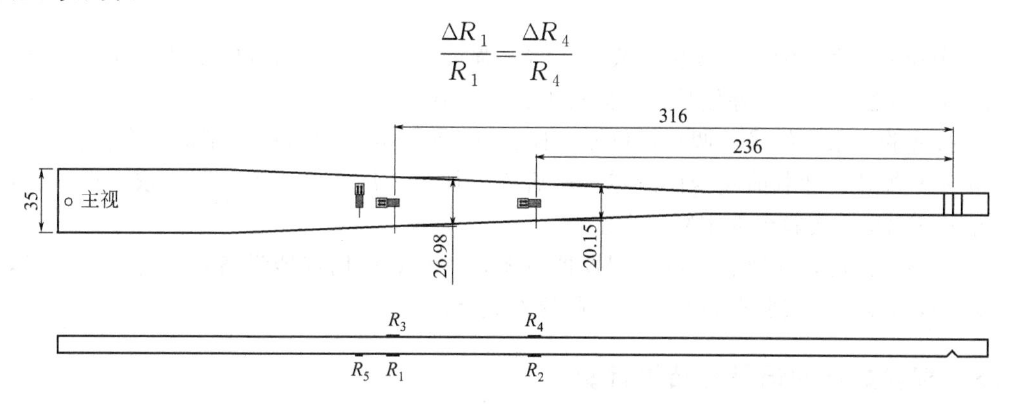

图4-19 等强度梁的纯弯曲试验

相应断面上的最大应力为：

$$\sigma_d=E\sigma_1$$

式中，E为抗弯截面模量。

断面为矩形，b_x为宽度，h为厚度，则：

$$\left(\frac{\Delta R_1}{R_1}\right)_t=\left(\frac{\Delta R_2}{R_2}\right)_t$$

因而，有：

$$\sigma=\frac{Fx}{\frac{b_x h^2}{6}}=\frac{6Fx}{b_x h^2}$$

所谓等强度，即指各个断面在力的作用下应力相等，即 σ 值不变。显然，当梁的厚度 h 不变时，梁的宽度必须随着 x 的变化而变化。

等强度梁参考参数如下。

梁的工作尺寸：$l\times B\times h=410\text{mm}\times 35\text{mm}\times 9.3\text{mm}$。

梁的断面应力：$\sigma=24.4\text{MPa}$（30N）。

梁有效长度段的斜率：$\tan\alpha=0.0426$。

测试点截面宽度：$b_1=20.15\text{mm}$；$b_2=26.98\text{mm}$。

加载点到测试点距离：$x_1=236\text{mm}$；$x_2=316\text{mm}$。

弹性模量：$E=206\text{GPa}$，泊松比 $\mu=0.26$。

（2）实验接线方式

实验接桥采用 1/4 桥方式，试件上、下表面的应变片分别连接到应变仪测点的 A 和 B 上，测点上的 B 和 B_1 用短路片短接；温度补偿应变片连接到桥路选择端的 A 和 D 上，桥路选择短接线将 D_1 和 D_2 短接，并将所有螺钉旋紧。

4.9.4 实验步骤

① 设计好本实验所需的各类数据表格。

② 测量等强度梁的有关尺寸，确定试件有关参数。

③ 拟订加载方案。估算最大载荷 $P_{\max}$（该实验载荷范围≤50N），分 3～5 级加载，每级 10N。

④ 实验采用多点测量 1/4 桥接线法。将等强度梁上选取的测点应变片按序号接到电阻应变仪测试通道上，温度补偿片接电阻应变仪公共补偿端。

⑤ 按实验要求接好线，调整好仪器，检查整个测试系统是否处于正常工作状态。

⑥ 实验加载。加载前应变仪清零，然后逐级加载，每增加一级载荷，依次记录各点应变，直至终载荷。实验至少重复三次。

⑦ 实验结束后，卸掉载荷，关闭仪器电源，整理好所用仪器设备，清理实验现场，将所用仪器设备复原，实验资料交指导教师检查签字。

4.9.5 实验数据的记录与结果计算

① 实验数据记录与计算，填表 4-18、表 4-19、表 4-20。

表 4-18　试样和电阻应变片数据

应变片灵敏系数 K	测试点截面宽度/mm		加载点到测试点距离/mm		梁的厚度 h/mm	弹性模量 E/GPa	泊松比 μ
	b_1	b_2	x_1	x_2			

表 4-19　应变测量数据记录

载荷/N		应力/$\mu\varepsilon$							
		测点 1		测点 2		测点 3		测点 4	
F	ΔF	ε_1	$\Delta\varepsilon_1$	ε_2	$\Delta\varepsilon_2$	ε_3	$\Delta\varepsilon_3$	ε_4	$\Delta\varepsilon_4$
平均值		$\overline{\Delta\varepsilon}_1=$		$\overline{\Delta\varepsilon}_2=$		$\overline{\Delta\varepsilon}_3=$		$\overline{\Delta\varepsilon}_4=$	

② 理论计算：$\sigma=\dfrac{6Fx}{b_x h^2}$。

③ 实验值计算：$\sigma=E\varepsilon_{实}$。

④ 理论值与实验值比较：$\delta=\dfrac{\sigma_{理}-\sigma_{实}}{\sigma_{理}}\times100\%$。

表 4-20　实验值与理论值的比较

测　点	理论值 $\sigma_{理}$/MPa	实测值 $\sigma_{实}$/MPa	相对误差/%
1			
2			
3			
4			

4.9.6　注意事项

① 测试仪器未开机前，不要进行加载，以免在实验中损坏试件。

② 实验前要设计好实验方案，准确测量实验计算用数据。

③ 加载过程中要缓慢加载，不可快速进行加载，以免超过预定加载载荷值，造成测试数据不准确，同时注意不要超过实验方案中预定的最大载荷，以免损坏试件，该实验最大载荷 50N。

④ 实验结束，要先将载荷卸掉，必要时可将加载附件一起卸掉，以免误操作损坏试件。

⑤ 确认载荷完全卸掉后，关闭仪器电源，整理实验台面。

4.10　薄壁圆筒在弯扭组合变形下主应力测定

4.10.1　实验目的

① 用电测法测定平面应力状态下主应力的大小及方向，并与理论值进行比较。

② 测定薄壁圆筒在弯扭组合变形作用下的弯矩和扭矩。

③ 进一步掌握电测法。

4.10.2 实验设备和仪器

① 弯扭组合实验装置或XL3418C材料力学多功能实验装置。

② 静态电阻应变仪或力&应变综合参数测试仪。

③ 游标卡尺、钢板尺。

4.10.3 实验原理

(1) 测定主应力大小和方向

薄壁圆筒受弯扭组合作用时，圆筒会发生组合变形，圆筒的单元体（在 m 点）处于平面应力状态，如图4-20所示。在该单元体上作用有由弯矩引起的正应力 σ_x，由扭矩引起的剪应力 τ_n，主应力是一对拉应力 σ_1 和一对压应力 σ_3，单元体上的正应力 σ_x 和剪应力 τ_n 可按下式计算：

$$\sigma_x=\frac{M}{W_z} \qquad \tau_n=\frac{M_n}{W_t}$$

式中，M 为弯矩，$M=PL$；M_n 为扭矩，$M_n=Fa$；W_z 为抗弯截面模量，对空心圆筒 $W_z=\frac{\pi D^3}{32}\left[1-\left(\frac{d}{D}\right)^4\right]$；$W_t$ 为抗扭截面模量，对空心圆筒 $W_t=2W_z=\frac{\pi D^3}{16}\left[1-\left(\frac{d}{D}\right)^4\right]$。

由二向应力状态分析可得到主应力及其方向：

$$\sigma_{3}^{1}=\frac{\sigma_x}{2}\pm\sqrt{\left[\frac{\sigma_x}{2}\right]^2+\tau_n^2} \qquad \tan 2\alpha=\frac{-2\tau_n}{\sigma_x}$$

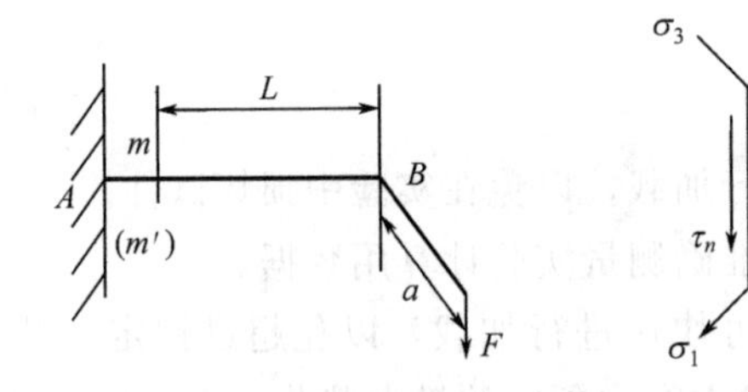

图4-20 圆筒单元体的应力状态

本实验装置采用的是45°直角应变花，在 m 和 m' 点各贴一组应变花如图4-21所示，应变花上三个应变片的 α 分别为−45°、0°、45°，该点主应变和主方向分别为：

$$\varepsilon_1,\varepsilon_3=\frac{(\varepsilon_{45^\circ}+\varepsilon_{-45^\circ})}{2}\pm\frac{\sqrt{2}}{2}\sqrt{(\varepsilon_{45^\circ}-\varepsilon_{0^\circ})^2+(\varepsilon_{-45^\circ}-\varepsilon_{0^\circ})^2}$$

$$\tan 2\alpha_0=\frac{\varepsilon_{45^\circ}-\varepsilon_{-45^\circ}}{2\varepsilon_{0^\circ}-\varepsilon_{45^\circ}-\varepsilon_{-45^\circ}}$$

即主应力和主方向为：

$$\varepsilon_1,\varepsilon_3=\frac{E(\varepsilon_{45^\circ}+\varepsilon_{-45^\circ})}{2(1-\mu)}\pm\frac{\sqrt{2}E}{2(1+\mu)}\sqrt{(\varepsilon_{45^\circ}-\varepsilon_{0^\circ})^2+(\varepsilon_{-45^\circ}-\varepsilon_{0^\circ})^2}\tag{4-21}$$

$$\tan2\alpha_0=\frac{\varepsilon_{45^\circ}-\varepsilon_{-45^\circ}}{2\varepsilon_{0^\circ}-\varepsilon_{45^\circ}-\varepsilon_{-45^\circ}}\tag{4-22}$$

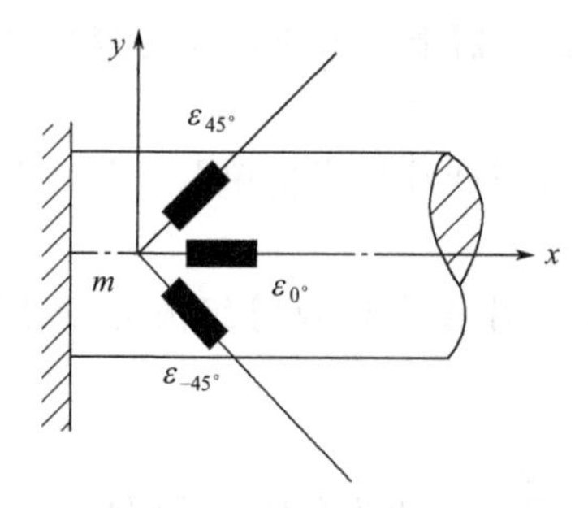

图 4-21　测点 45°应变花布置图

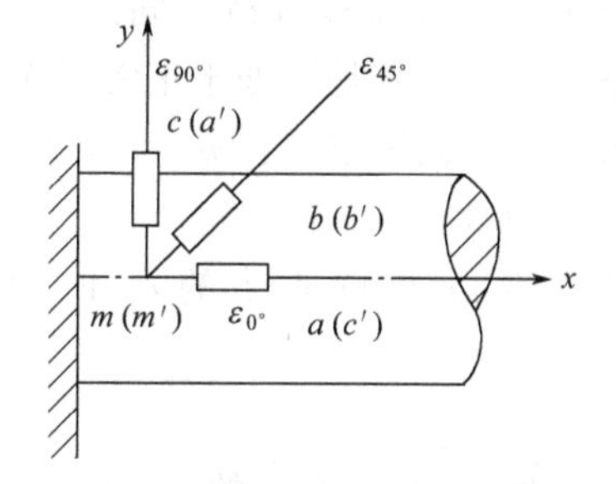

图 4-22　测点 90°应变花布置图

本实验装置也可采用的是 90°直角应变花，在 m 和 m' 点各贴一组应变花，如图 4-22 所示，应变花上三个应变片的 α 分别为 0°、45°、90°，该点主应变和主方向和主应力和主方向计算公式如下：

$$\varepsilon_1,\varepsilon_3=\frac{\varepsilon_{0^\circ}+\varepsilon_{90^\circ}}{2}\pm\frac{\sqrt{2}}{2}\sqrt{(\varepsilon_{0^\circ}-\varepsilon_{45^\circ})^2+(\varepsilon_{45^\circ}-\varepsilon_{90^\circ})^2}$$

$$\sigma_1,\sigma_3=\frac{E(\varepsilon_{0^\circ}+\varepsilon_{90^\circ})}{2(1-\mu)}\pm\frac{\sqrt{2}E}{2(1+\mu)}\sqrt{(\varepsilon_{0^\circ}-\varepsilon_{45^\circ})^2+(\varepsilon_{45^\circ}-\varepsilon_{90^\circ})^2}\tag{4-23}$$

$$\tan2\alpha_0=\frac{2\varepsilon_{45^\circ}-\varepsilon_{0^\circ}-\varepsilon_{90^\circ}}{\varepsilon_{0^\circ}-\varepsilon_{90^\circ}}\tag{4-24}$$

采用 90°直角应变花进行主应力和主方向测试时，实验步骤及测试数据表格可参照采用 45°直角应变花测试方法，也可自行设计。

（2）测定弯矩

薄壁圆筒虽为弯扭组合变形，但 m 和 m' 两点沿 x 方向只有因弯曲引起的拉伸和压缩应变，且两应变等值异号。因此将 m 和 m' 两点应变片 b 和 b'，采用不同组桥方式测量，即可得到 m 和 m' 两点由弯矩引起的轴向应变 ε_M，则对应截面的弯矩实验值为：

$$M=E\varepsilon_M W_z=\frac{E\pi(D^4-d^4)}{32D}\varepsilon_M\tag{4-25}$$

（3）测定扭矩

当薄壁圆筒受纯扭转时，m 和 m' 两点 45°方向和 −45°方向的应变片都是沿主应力方向，且主应力 σ_1 和 σ_3 数值相等符号相反。因此，采用不同的组桥方式测量，可得到 m 和 m' 两点由扭矩引起的主应变 ε_n。因扭转时主应力 σ_1 和剪应力 τ 相等，则可得到对应截面的扭矩实验值为：

$$M_n=\frac{E\varepsilon_n}{(1+\mu)}\times\frac{\pi(D^4-d^4)}{16D}\tag{4-26}$$

4.10.4 实验步骤

① 设计好本实验所需的各类数据表格。

② 测量试件尺寸、加力臂长度和测点距加力臂的距离，确定试件有关参数并记录数据。

③ 将薄壁圆筒上的应变片按不同测试要求接到仪器上，组成不同的测量电桥。调整好仪器，检查整个测试系统是否处于正常工作状态。

主应力大小、方向测定：将 m 和 m' 两点的所有应变片按半桥单臂、公共温度补偿法组成测量线路进行测量。

测定弯矩：将 m 和 m' 两点的 b 和 b' 两只应变片按半桥双臂组成测量线路进行测量 $(\varepsilon=\frac{\varepsilon_d}{2})$。

测定扭矩：将 m 和 m' 两点的 a、c 和 a'、c' 四只应变片按全桥方式组成测量线路进行测量 $(\varepsilon=\frac{\varepsilon_d}{4})$。

④ 加载荷，记下各点应变的初始读数；然后分级增加载荷，每增加一级载荷，依次记录各点电阻应变片的应变值，直到最终载荷。实验至少重复两次。

⑤ 实验结束后，卸掉载荷，关闭电源，整理好所用仪器设备，清理实验现场，将所用仪器设备复原，实验资料交指导教师检查签字。

⑥ 实验装置中，圆筒的管壁很薄，为避免损坏装置，切勿超载，不能用力扳动圆筒的自由端和力臂。

4.10.5 实验数据的记录与计算

（1）实验记录

将实验数据填入表 4-21、表 4-22、表 4-23 中。

（2）实验结果计算与处理

① 主应力及方向。m 或 m' 点实测值主应力及方向计算：

$$\sigma_1,\sigma_3=\frac{E(\varepsilon_{45^\circ}+\varepsilon_{-45^\circ})}{2(1-\mu)}\pm\frac{\sqrt{2}E}{2(1+\mu)}\sqrt{(\varepsilon_{45^\circ}-\varepsilon_{0^\circ})^2+(\varepsilon_{-45^\circ}-\varepsilon_{0^\circ})^2}$$

$$\tan 2\alpha_0=\frac{\varepsilon_{45^\circ}-\varepsilon_{-45^\circ}}{2\varepsilon_{0^\circ}-\varepsilon_{45^\circ}-\varepsilon_{-45^\circ}}$$

表 4-21 圆筒的尺寸和有关参数

计算长度	$L_1=$	mm	弹性模量	$E=$	GPa
外　径	$D=$	mm	泊 松 比	$\mu=$	
内　径	$d=$	mm	应变片灵敏系数	$K=$	
扇臂长度	$a=$	mm			

表 4-22　实验数据（一）

载荷/N	载荷增量/N	各测点电阻应变仪读数/$\mu\varepsilon$											
		m 点						m'点					
		45°		0°		−45°		45°		0°		−45°	
		ε	Δε	ε	Δε	ε	Δε	ε	Δε	ε	Δε	ε	Δε
平均应变值													

表 4-23　实验数据（二）

载荷/N		弯矩引起的应变/$\mu\varepsilon$		扭矩引起的应变/$\mu\varepsilon$	
F	ΔF	ε	Δε	ε	Δε
平均值					

m 或 m'点理论值主应力及方向计算：

圆筒抗弯截面模量：$W_z=\frac{\pi D^3}{32}(1-\alpha^4)=$　　　　mm^3

圆筒抗扭截面模量：$W_t=\frac{\pi D^3}{16}(1-\alpha^4)=$　　　　mm^3

$$\sigma_x=\frac{M}{W_z}\qquad \tau_n=\frac{M_n}{W_t}$$

$$\sigma_1,\sigma_3=\frac{\sigma_x}{2}\pm\sqrt{\left(\frac{\sigma_x}{2}\right)^2+\tau_n^2}=\qquad\qquad \mathrm{MPa}$$

$$\tan 2\alpha_0=\frac{-2\tau_n}{\sigma_x}$$

$$\alpha_0=$$

② 弯矩及扭矩。M 或 m'点实测值弯曲应力及剪应力计算如下。

弯曲应力：$$\sigma_M=E\overline{\varepsilon_M}$$

剪应力：$$\tau_n=\sigma_1=\frac{E\overline{\varepsilon_n}}{(1+\mu)}$$

弯矩：$$M=E\overline{\varepsilon_M}\,W_z=\frac{E\pi(D^4-d^4)}{32D}\overline{\varepsilon_M}$$

扭矩：
$$M_n=\frac{E\pi(D^4-d^4)}{16D(1+\mu)}\overline{\varepsilon_n}$$

M 或 m' 理论值弯曲应力及剪应力计算如下。

弯曲应力：
$$\sigma=\frac{32MD}{\pi(D^4-d^4)}$$

剪应力：
$$\tau=\frac{16M_nD}{\pi(D^4-d^4)}$$

弯矩：
$$M=\Delta FL$$

扭矩：
$$M_n=\Delta Fa$$

③ 将实验值与理论值进行比较，填入表4-24、表4-25中。

表4-24　m 或 m' 点主应力及方向

比较内容		实验值	理论值	相对误差/%
m 点	σ_1/MPa			
	σ_3/MPa			
	α_0/(°)			
m' 点	σ_1/MPa			
	σ_3/MPa			
	α_0/(°)			

表4-25　m 或 m' 截面弯矩和扭矩

比较内容	实验值	理论值	相对误差/%
σ_M/MPa			
τ_n/MPa			
M/N·m			
M_n/N·m			

思考题

（1）测量单一内力分量引起的应变，可以采用那几种桥路接线法？

（2）主应力测量中，45°直角应变花是否可沿任意方向粘贴？

（3）对测量结果进行分析讨论，误差的主要原因是什么？

第5章 选做实验部分

5.1 偏心拉伸实验

5.1.1 实验目的

① 测定偏心拉伸时最大正应力，验证迭加原理的正确性。
② 分别测定偏心拉伸时由拉力和弯矩所产生的应力。
③ 测定偏心距 e。
④ 掌握偏心拉伸的组合变形分析方法。

5.1.2 实验设备和仪器

① 组合实验台拉伸部件。
② XL2118 系列力 & 应变综合参数测试。
③ 游标卡尺、钢板尺。

5.1.3 实验原理

(1) 实验装置

偏心拉伸试件如图 5-1 所示，R_1 和 R_2 分别为试件两侧上的两个对称点。在外载荷作用下，受力 F，偏心距为 e。在试件两侧沿纵向各布置一枚应变片 R_1、R_2。由组合变形的分析方法可知，该实验现象相当于在轴向拉力和弯矩共同作用下的问题。根据叠加原理，两侧的横截面上应力为拉伸应力和弯矩正应力的代数和，并且都为单向应力状态。

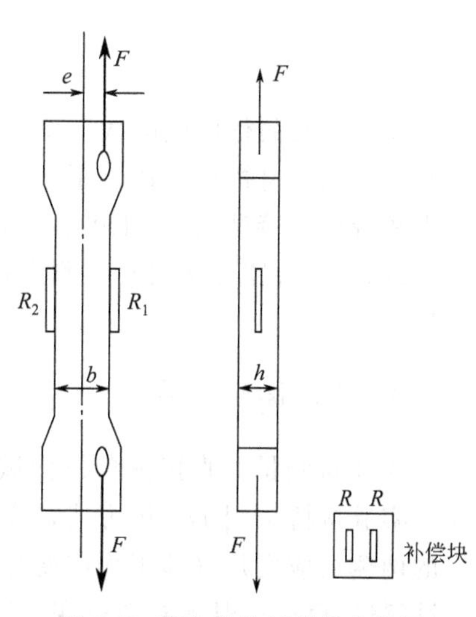

图 5-1 偏心拉伸试件及布片图

因此有：

$$\sigma_1 = E\varepsilon_1 = \frac{F}{A_0} + \frac{6Fe}{hb^2} \tag{5-1}$$

$$\sigma_2 = E\varepsilon_2 = \frac{F}{A_0} - \frac{6Fe}{hb^2} \tag{5-2}$$

式中，A_0 为试件横截面面积。

将式（5-1）和式（5-2）相加，有：

$$E(\varepsilon_1 + \varepsilon_2) = \frac{2F}{A_0}$$

将式（5-1）和式（5-2）相减，有：

$$E(\varepsilon_1 - \varepsilon_2) = \frac{12Fe}{hb^2}$$

根据桥路原理采用不同的组桥方式，即可分别测出与轴向力及弯矩有关的应变值。从而进一步求得弹性模量 E、偏心距 e、最大正应力和分别由轴力、弯矩产生的应力。

可直接采用半桥单臂方式测出 R_1 和 R_2 受力产生的应变值 ε_1 和 ε_2，通过上述两式算出轴力引起的拉伸应变 ε_P 和弯矩引起的应变 ε_M；也可采用邻臂桥路接法直接测出弯矩引起的应变 ε_M，采用此接桥方式不需温度补偿片，接线如图 5-2（a）；采用对臂桥路接法可直接测出轴向力引起的应变 ε_P，采用此接桥方式需加温度补偿片，接线如图 5-2（b）。

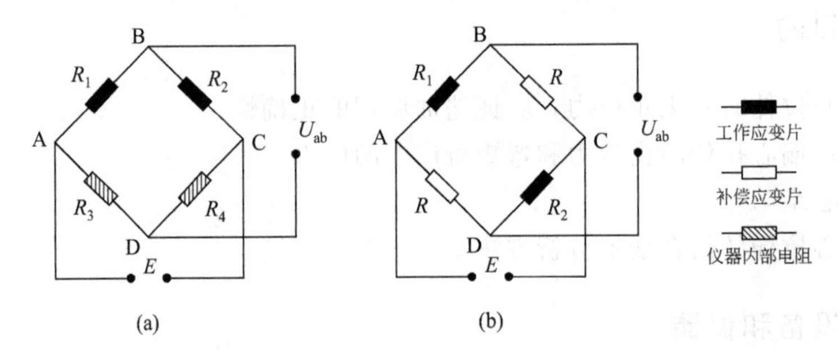

图 5-2　弯矩应变及轴向应变接线图

于是，由试件两侧的线应变即可求得偏心力 F 和偏心距 e。

$$F = \frac{1}{2}A_0E(\varepsilon_1 + \varepsilon_2) \tag{5-3}$$

$$e = \frac{1}{12F}hb^2E(\varepsilon_1 - \varepsilon_2) \tag{5-4}$$

因此，只要测得两侧的线应变，已知弹性模量 E，即可求得截面的最大拉应力、偏心力和偏心距。测量电桥可直接采用半桥单臂方式测出 R_1 和 R_2 受力产生的应变值 ε_1 和 ε_2；也可采用邻臂桥路接法直接测出弯矩引起的应变（$\varepsilon_1 - \varepsilon_2$）（采用此接桥方式不需温度补偿片）；采用对臂桥路接法可直接测出轴向力引起的应变（$\varepsilon_1 + \varepsilon_2$）（采用此接桥方式需加温度补偿片）。

（2）实验接线方式

① 1/4 桥测量。直接测量拉伸试件上两侧应变片受轴力拉伸变形和弯矩产生的弯曲变形时，实验接桥采用 1/4 桥方式，应变片与应变仪组桥接线方法如图 5-3 所示。使用拉伸试件上的两侧的应变片（即工作应变片）分别连接到应变仪测点的 A 和 B 上，测点上的 B 和 B1 用短路片短接；温度补偿应变片连接到桥路选择端的 A 和 D 上，桥路选择短接线将 D1 和 D2 短接，并将所有螺钉旋紧。

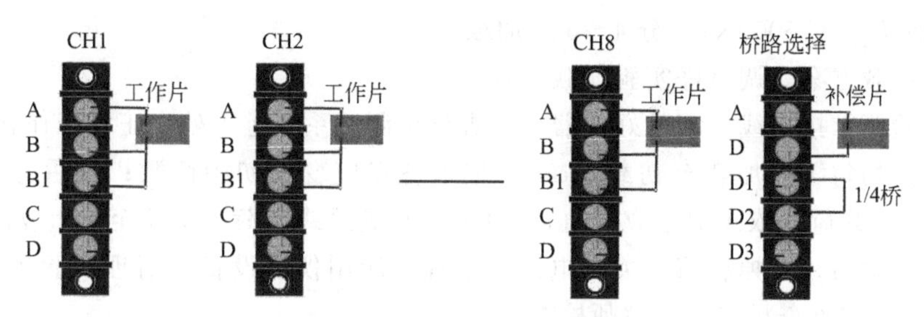

图 5-3　1/4 桥接线方法

② 半桥双臂测量。测量弯矩产生的变形时实验接桥采用半桥双臂方式，应变片与应变仪组桥接线方法如图 5-4 所示。将试件上两侧的应变片（即工作应变片）连接到应变仪测点的 A、B 和 B、C 上；桥路选择端的 A、D 点悬空，测点上的 B 和 B1 用短路片断开，桥路选择端短接线连接到 D2、D3 点，并将所有螺钉旋紧。此时，应变仪显示的应变值为实际弯矩产生的应变值的 2 倍，即在计算时应将显示值除以 2。

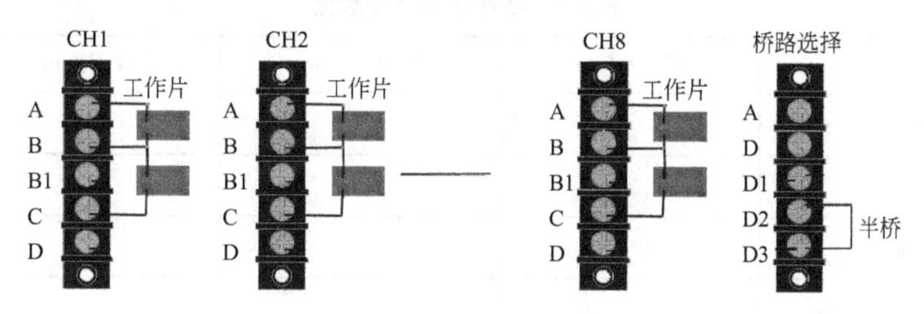

图 5-4　半桥双臂接线方法

③ 全桥对臂测量。测量偏心力产生的变形时实验接桥采用全桥对臂方式，应变片与应变仪组桥接线方法如图 5-5 所示。将试件上两侧的应变片（即工作应变片）连接到应变仪测点的 A 和 B、C 和 D 上，温度补偿片接到应变仪测点的 B 和 C、A 和 D 上，测点上的 B 和 B_1 用短路片断开，桥路选择短接线悬空，并将所有螺钉旋紧。此时，应变仪显示的应变值为实际轴力产生的应变值的 2 倍，即在计算时应将显示值除以 2。

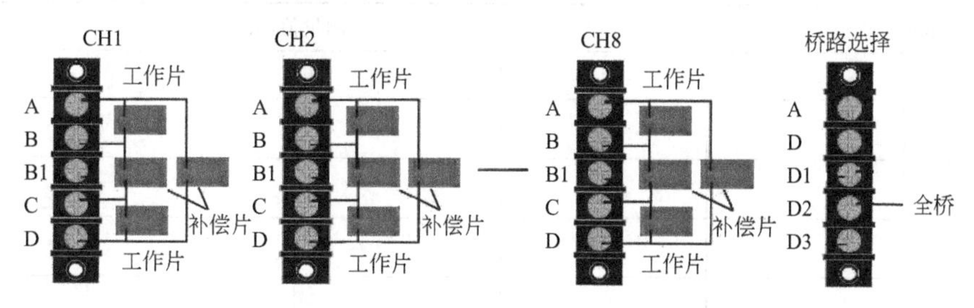

图 5-5　全桥对臂接线方法

5.1.4　实验步骤

① 设计好本实验所需的各类数据表格。

② 测量试件尺寸。在试件标距范围内，测量试件三个横截面尺寸，取三处横截面面积的平均值作为试件的横截面面积 A_0。见表 5-1。

③ 拟订加载方案。可先选取适当的初载荷 F_0（一般取 $F_0=10\%F_{max}$），估算 F_{max} 该

实验载荷范围 $F_{max} \leqslant 5000N$)，分 4～6 级加载。

④ 根据加载方案，调整好实验加载装置。

⑤ 按实验要求接好线，调整好仪器，检查整个测试系统是否处于正常工作状态。

⑥ 加载。均匀缓慢加载至初载荷 F_0，记下各点应变的初始读数；然后分级等增量加载，每增加一级载荷，依次记录应变值 ε_1 和 ε_2，直到最终载荷。实验至少重复两次。

⑦ 实验结束后，卸掉载荷，关闭电源，整理好所用仪器设备，清理实验现场，将所用仪器设备复原，实验资料交指导教师检查签字。

5.1.5 实验数据的记录与计算

(1) 实验数据记录

填入表 5-1、表 5-2 中。

表 5-1 试件相关参考数据

试件	厚度 h/mm	宽度 b/mm	横截面面积 $A_0=bh/mm^2$
截面Ⅰ			
截面Ⅱ			
截面Ⅲ			
平均值			
弹性模量	$E=206GPa$		
泊松比	$\mu=0.26$		
偏心距	$e=10mm$		

表 5-2 实验数据

载荷/N		测量值/$\mu\varepsilon$			
F	ΔF	ε	$\Delta\varepsilon$	ε	$\Delta\varepsilon$
平均值					

(2) 实验结果计算

求偏心力：

$$F=\frac{1}{2}A_0E(\varepsilon_1+\varepsilon_2)$$

求偏心距：

$$e=\frac{1}{12F}hb^2E(\varepsilon_1-\varepsilon_2)$$

应力理论值计算：　　$\sigma=\frac{F}{A_0}\pm\frac{6M}{hb^2}$

应力实验值（偏心孔靠近 R_1）：　$\sigma_1=E\varepsilon_1$　　$\sigma_2=E\varepsilon_2$

5.1.6　注意事项

① 测试仪器未开机前，不要进行加载，以免在实验中损坏试件。

② 加载过程中要缓慢加载，不可快速加载，以免超过预定加载载荷，造成测试数据不准确，同时不要超过实验方案中预定的最大载荷，以免损坏试件。该实验最大载荷 5000N。

③ 实验结束要先将载荷卸掉，必要时可将加载附件一起卸掉，以免误操作损坏试件。

④ 确认载荷完全卸掉后，关闭仪器电源，整理实验台面。

5.2　电阻应变片横向效应系数测定实验

5.2.1　实验目的

① 学会一种测定应变片横向效应系数的方法。

② 练习使用静态电阻应变仪。

5.2.2　实验设备和仪器

① 贴有应变片的等强度梁、补偿块及加载砝码。

② XL2118 系列力 & 应变综合参数测试。

5.2.3　实验原理

在等强度梁表面上轴向和横向贴有两个应变片，如图 5-6 所示，当等强度梁受力而弯曲时轴向应变片 1 受拉应变 ε_1，应变片 3 因泊松效应受压产生应变 $\varepsilon_3=\mu\varepsilon_1$，用电阻应变仪分别测量其相对电阻变化，有下列公式：

$$\left(\frac{\Delta R}{R}\right)_1=K_{仪}\ \varepsilon_{1仪}=K_{\mathrm{L}}\varepsilon_1+K_{\mathrm{B}}(-\mu\varepsilon_1)=K_{\mathrm{L}}\varepsilon_1+K_{\mathrm{B}}\varepsilon_3$$

$$\left(\frac{\Delta R}{R}\right)_3=K_{仪}\ \varepsilon_{3仪}=K_{\mathrm{B}}\varepsilon_1+K_{\mathrm{L}}(-\mu\varepsilon_1)=K_{\mathrm{L}}\varepsilon_3+K_{\mathrm{B}}\varepsilon_1$$

式中，$K_{仪}$ 为电阻应变仪灵敏系数设定值，一般令 $K_{仪}=2.00$，假设测量两个应变片的相对电阻变化，应变仪放在相同位置；K_{L} 为应变片纵向灵敏系数；K_{B} 为应变片横向灵敏系数；μ 为梁材料的泊松比，已知 $\mu=0.26$。

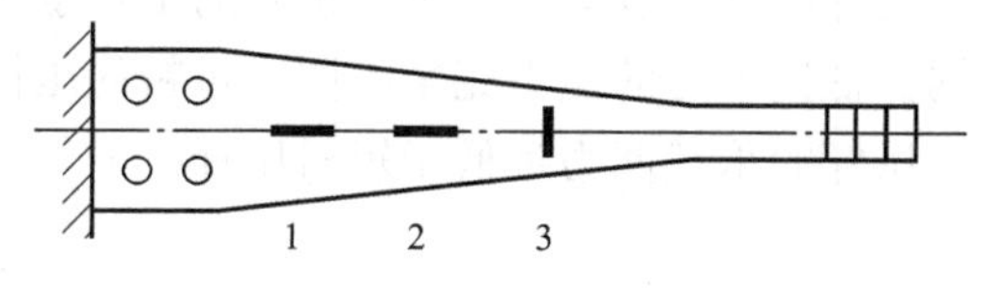

图 5-6　等强度梁上贴片图

应变片的横向效应系数 $H=\frac{K_B}{K_L}$，上两式相除，得下式：

$$\frac{\varepsilon_{1仪}}{\varepsilon_{3仪}}=\frac{K_L\varepsilon_1(1-\mu H)}{K_L\varepsilon_1(-\mu+H)}=\frac{1-\mu H}{H-\mu}$$

由此可解得：

$$(H-\mu)\varepsilon_{1仪}=(1-\mu H)\varepsilon_{3仪}$$

$$H(\varepsilon_{1仪}+\mu\varepsilon_{3仪})=\mu_{3仪}+\mu\varepsilon_{1仪}$$

$$H=\frac{\varepsilon_{3仪}+\mu\varepsilon_{1仪}}{\varepsilon_{1仪}+\mu\varepsilon_{3仪}}\times 100\% \tag{5-5}$$

式中，如 $\varepsilon_{1仪}$ 为正，则 $\varepsilon_{3仪}$ 为负。

5.2.4 实验步骤

① 设计好本实验所需的各类数据表格。

② 拟订加载方案。估算最大载荷 F_{max}（该实验载荷范围≤100N），加载 80N。

③ 实验采用多点测量中半桥单臂公共补偿接线法。将等强度梁上选取的测点应变片按序号接到电阻应变仪测试通道上，温度补偿片接电阻应变仪公共补偿端。

④ 按实验要求接好线，调整好仪器，检查整个测试系统是否处于正常工作状态。

⑤ 实验加载。加载前将电阻应变仪进行平衡，然后加载，依次记录各点应变仪的读数。

⑥ 实验结束后，卸掉载荷，关闭仪器电源，整理好所用仪器设备，清理实验现场，将所用仪器设备复原，实验资料交指导教师检查签字。

5.2.5 实验数据的记录与计算

将实验数据填入表 5-3 中，计算电阻应变片横向效应系数。

表 5-3 电阻应变片横向效应系数实验数据

应变片编号	载荷/N	应变仪平均应变 $\varepsilon_{仪}$	横向效应系数 H/%
纵向 1			
横向 3			

5.3 压杆稳定实验

工程实际中，构件由于失稳而破坏往往是突然发生的，并产生灾难性的后果，因此充分认识构件的失稳现象、测定构件的临界载荷具有十分重要的工程意义。横截面和材料都相同而长度不同的受压杆件，它们抵抗外力的能力完全不同。短粗的压杆属于强度问题，而细长压杆则属于稳定问题。细长压杆的承载能力远低于短粗压杆。

5.3.1 实验目的

① 学习用实验方法测定临界压力，观察细长中心受压杆件不同约束情况下的失稳现象。

② 测定细长压杆的临界载荷，验证欧拉公式，增强对压杆承载及失稳的感性认识。

③ 加深对压杆承载特性的认识，将实测的临界压力与理论结果进行比较。

5.3.2　实验设备和仪器

① 压杆稳定实验器（图5-7）。

② 计算机，压杆试件，弹簧钢（$E=206\text{GPa}$；$\sigma_s=600\text{MPa}$）。

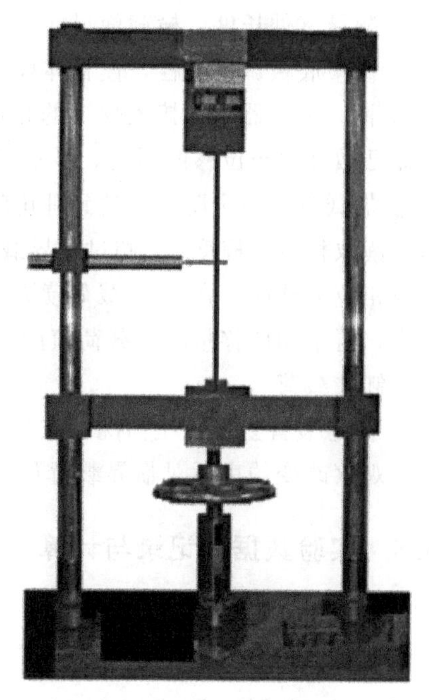

图5-7　压杆稳定实验器

5.3.3　实验原理

如果压杆的轴线是理想直线，压力作用线与轴线重合，材料是均匀的，通过理论分析可以得到细长杆（$\lambda \geqslant \lambda_1$）的临界压力为：

$$F_{cr}=\frac{\pi^2 EI}{(\mu l)^2} \tag{5-6}$$

若以横坐标表示中点的挠度δ；纵坐标表示F，如图5-8所示，则当$F<F_{cr}$时，杆的直线平衡是稳定的，$\delta=0$，F与δ的关系为垂直的直线OA；当F达到F_{cr}时，直线平衡变得不稳定，过渡为曲线平衡后，F与δ的关系为水平直线AB。实际上压杆难免有初弯曲、压力偏心、材料不均匀等情况，实际F-δ曲线为OC。受力开始时即出现挠度δ，随着载荷的增加，δ开始时增加较慢，载荷越接近临界压力F_{cr}，δ增加得越快。实际曲线的水平渐近线级代表压杆的临界载荷。

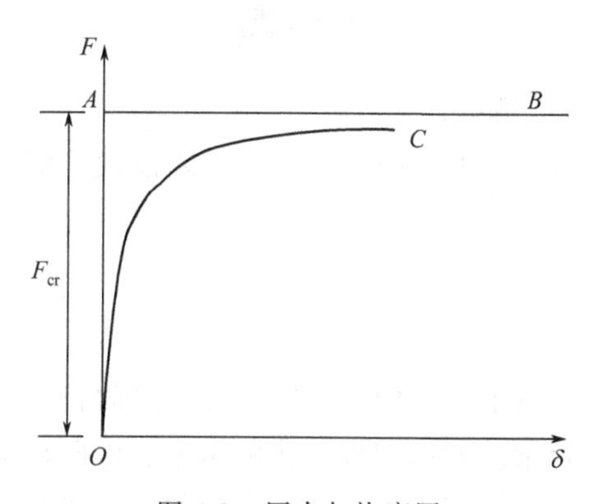

图5-8　压力与挠度图

为保证试件失稳后不会由于弯曲过度而发生塑性变形，实验前应根据欧拉公式估算实验的最大许可载荷F_{max}。并根据下式计算弹性范围允许的最大中点挠度δ_{max}：

$$\sigma_{max}=\frac{F}{A}+\frac{F_{cr}\delta_{max}}{W}\leqslant\sigma_p \tag{5-7}$$

式中，σ_p为许用应力；A为杠杆横截面面积；W为杠杆所受弯矩。

5.3.4 实验步骤

实验时，首先调整实验装置，尽量消除初弯曲、偏心等影响实验精度的因素。为防止试件发生塑性变形，注意中点挠度的大小，不可超过前面估算的δ_{max}。

① 测量试件长度，横截面尺寸。

② 调整底板调平螺栓，使台体稳定，安装压杆调整支座并仔细检查是否符合设定状态。

③ 将力传感器电缆接入仪器的相应输入口，连接电缆和电源线，打开电源开关。实验前仪器已做好力与位移的标定，显示力值和位移值。

④ 加载分成两个阶段。达到理论临界载荷F_{cr}的80%之前，由载荷控制，每增加一级载荷，读取相应的挠度δ。超过临界载荷F_{cr}的80%后，改为由变形控制，每增加一定的挠度读取相应的载荷。在位移-载荷读数过程中，如果发现连续增加位移量2～3次，载荷值几乎不变，再增加位移量时，载荷值读数下降或上升，说明压杆的临界力已出现，应立即停止加载，卸去载荷。

⑤ 注意装置上下支座情况，试件左右对称，勿使试件产生弯曲。重复步骤④再次进行实验，观察改变约束后对临界载荷及挠曲线形状的影响。

5.3.5 实验数据的记录与计算

试件尺寸：$h=$ mm，$b=$ mm，$l=$ mm。

两端铰支临界载荷： N。一端固定一端铰支临界载荷： N。

两端固定临界载荷： N。

实验报告一般应包含以下几个部分：实验目的，实验设备，实验过程的描述，实验结果的整理，该实验结论（实验值、理论值的计算要写出公式及主要计算步骤）。

思考题

（1）λ是什么参量？取决于哪些因素？

（2）分析理论值与实验值出现差别的原因，怎样才能使差别减小？

5.4 复合梁实验

工程中有时会遇到由两种以上材料构成的梁，它们之间自由或约束连接，与均匀材料的梁一样受力，这类梁称为复合梁。如用钢板强化的木梁、由两种金属构成的圆截面梁以及由几块钢板叠加的复合梁，都是根据其受力特点而设计的，能较好地解决承载力和重量之间的矛盾，故在实际工程中，特别在航空航天结构中得到广泛的使用。本实验就是对三种不同材料叠加的复合梁正应力分布规律进行测定。

5.4.1 实验目的

① 用电测法测定复合梁在纯弯曲状态下，沿其横截面高度的正应力分布规律。

② 通过实验和理论分析了解各种复合梁的差别，总结影响复合梁承载能力的因素。

5.4.2 实验设备和仪器

① 复合梁实验器（图5-9所示）。选用复合梁类型：钢-铝-钢；铝-钢-铝；铝-铝-钢；钢-钢-铝。

② XL2118系列力&应变综合参数测试仪。

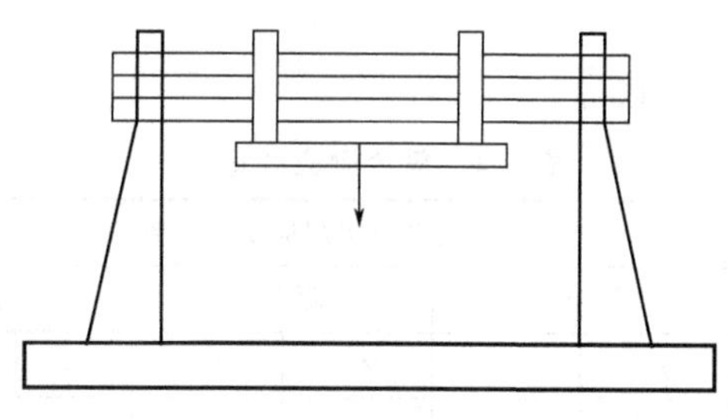

图5-9 复合梁实验器

5.4.3 实验原理

由于梁的各种组成部分紧密连接而无滑动，可视为一个整体［图5-10(a)］，因此梁弯曲时的平面假设仍可适用。由此可得出正应变ε沿梁高度方向按同一斜率呈线性变化［图5-10(b)］。但由于各层材料弹性模量不同，正应力σ沿梁的高度方向以不同斜率成阶梯分布［图5-10(c)］。此时梁的正应力可以用相当截面法来计算。相当截面法即是将不同材料组成的截面按公式计算：

$$b_2=\frac{E_2}{E_1}b_1 \tag{5-8}$$

折算为图5-10（d）所示相当截面，其中，b_2为折算后的宽度，E_2为材料2的弹性模量，E_1为材料1的弹性模量，b_1为材料1的实际宽度。再按弯曲正应力公式计算相当截面正应力σ'。对于材料1，计算应力σ即为实际应力；对于材料2，将其计算应力乘以E_2/E_1后得到其实际应力。

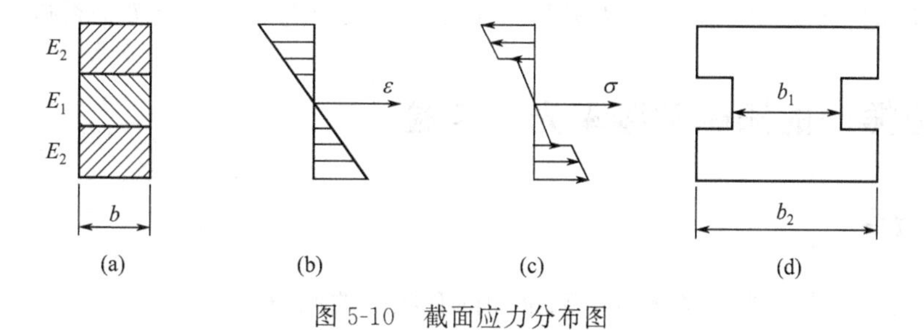

图5-10 截面应力分布图

5.4.4 实验步骤

① 应变仪调平衡。

② 实验分4级加载，每次加载5kg或2kg，注意加载时要平稳。

③ 在每级载荷下依次测量各点应变值，然后再加下一级载荷，直到加到最大载荷为止。

④ 根据测量梁上各测点的应变值，计算各点应力的实验值。

5.4.5 实验数据的记录与计算

① 梁的尺寸及材料常数：宽度 $b=1.3$cm；梁高 $H=3h=1.5$cm；弯矩力臂 $a=6$cm；$E_{钢}=207$GPa，$E_{铝}=69$GPa。

② 测点距 z 轴距离：$y_1=-0.75$cm；$y_2=-0.5$cm；$y_3=0$cm；$y_4=0.5$cm；$y_5=0.75$cm。

③ 应变记录，填入表 5-4 中。

表 5-4 复合梁应变记录

载荷/kg	载荷增量/kg	各测点电阻应变仪读数/$\mu\varepsilon$									
		测点 1		测点 2		测点 3		测点 4		测点 5	
		ε_1	$\Delta\varepsilon_1$	ε_2	$\Delta\varepsilon_2$	ε_3	$\Delta\varepsilon_3$	ε_4	$\Delta\varepsilon_4$	ε_5	$\Delta\varepsilon_5$
平均应变值		$\overline{\Delta\varepsilon_1}=$		$\overline{\Delta\varepsilon_2}=$		$\overline{\Delta\varepsilon_3}=$		$\overline{\Delta\varepsilon_4}=$		$\overline{\Delta\varepsilon_5}=$	

④ 计算实验值和理论值：写出公式及主要计算步骤，画出相当截面并标注尺寸。

⑤ 计算误差并分析误差产生的原因。

思考题

(1) 四种梁的中性轴是否都通过横截面形心？举例说明在实际问题中如何利用这一特征。

(2) 在梁弯曲理论中，梁正应力只与弯矩和截面尺寸有关，复合梁是否也一样？

5.5 强迫振动的振幅和频率光测实验

5.5.1 实验目的

① 掌握大振幅振动系统的振幅、频率和固有频率的测量方法。

② 了解振标和闪光测速仪的工作原理。

③ 验证强迫振动理论。

5.5.2 实验设备和仪器

(1) 实验装置

简支梁强迫振动系统简图如图 5-11 所示。

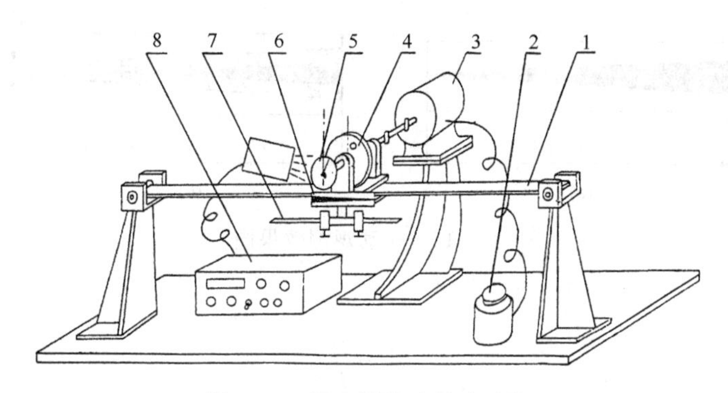

图 5-11 简支梁强迫振动系统

1—简支梁；2—自耦变压器；3—电动机；4—偏心轮；
5—标记盘；6—振标；7—附梁；8—闪光测速仪

（2）实验装置上各附件的作用和工作原理

① 简支梁：是主振系统，是该实验的测试对象。它是由一块长条形的弹簧钢板通过轴承支承在两个刚性很强的固定支架上组成的，其横向刚度很大，铅垂方向刚度较弱，在干扰力作用下只能沿铅垂方向振动而不能横向振动。它在系统中起弹簧作用。

② 自耦变压器：自耦变压器是用来启动电动机和调节电动机转速的设备。当改变变压器输出电压时即可改变电动机转速，借以达到调速的目的。

③ 电动机：是用来驱动偏心轮旋转和调节偏心轮转速的动力源。在实验中就是借助电动机来调节干扰力频率的。

④ 偏心轮：在振动系统中产生干扰力的元件，它是由一个装在转轴上的均质圆盘和其上附加的偏心质量组合而成的。转轴被装在与梁固连的支座上，当转轴带动偏心轮旋转时，偏心轮上的偏心质量即产生一个旋转的干扰力，该力通过轴和轴承座传给主梁，这个旋转干扰力在铅垂方向的分量就构成了对主梁沿铅垂方向的简谐干扰力，使主梁产生强迫振动。

⑤ 标记盘：是一个刻有标记线的均质圆盘。通过其上的标记线来表示任意瞬时旋转干扰力方向。该圆盘固定在转轴端部，其中心与轴心重合，盘面与轴垂直，其上的标记线是从标记盘的中心引出的，该线与自偏心轮中心（即轴心）引向偏心质量中心的直线平行，因此当偏心轮等角速度转动时，该标记线就表示由偏心质量产生的旋转干扰力方向。

⑥ 振标：通常是用来测量幅值大于1mm、频率在8Hz以上振体幅值的工具。它由一块白色的矩形板构成，且其上涂有一个深色的等腰三角形。把它固定在振体上，使等腰三角形的高与振体位移方向垂直，如图 5-12(a) 所示。当振体上下振动时，振标上的黑色三角形也随之上下平动。由于人的视觉有暂留现象，故可在振标上看到深黑色的三角形随着振幅的增大而缩小，同时在其对面又会出现一个白色的等腰三角形，与深黑色三角形成对顶角，如图 5-12(b) 所示。两个三角形的顶点将随振幅增减而左右移动，原黑色三角形的尖点上下移动的距离，即为振体幅值的两倍，以 $2a$ 表示。

因振标平动，故后形成的白三角形必与原来黑色三角形完全相似，根据相似三角形对应边成比例的关系，及顶点自右向左移动距离，即可测出振体的幅值。若振标的黑三角形底宽为 $2b$，高为 h，如图 5-12(a)，而在振动的某一时刻，当黑白三角形对顶点移到距振标右端为 x 时，原来黑三角形尖点上下移动的距离为 $2a$，如图 5-4(b) 所示，根据相似三角形对应

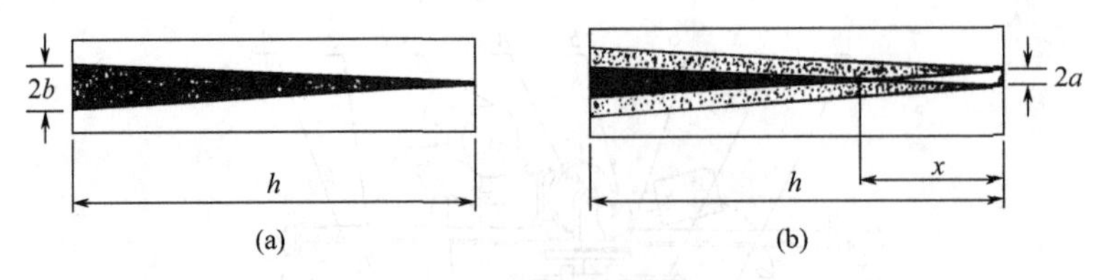

图 5-12　振动观测效果图

边的比例关系：

$$\frac{2a}{x}=\frac{2b}{h}$$

可得

$$a=\frac{b}{h}x$$

该实验用的振标 $2b=20\text{mm}$，$h=100\text{mm}$，若振动的某一时刻两三角形顶点左移 $x=10\text{mm}$，则得 $a=1\text{mm}$，即当对顶角交点左移 10mm 时振幅为 1mm。

⑦ 附梁：又称附振系统，它由一个固定在轴承支座下面的弹簧片和两个可在弹簧片上滑动的质量块组成。是为了消除主振系统在固有频率下的共振而设的，该实验不使用。

⑧ SSC-1 型数字式闪光测速仪：是用来测量旋转件转速的仪器。在该实验中用它来测量偏心轮转速。该仪器由闪光灯和仪器本体两部分组成。如图 5-13 所示。

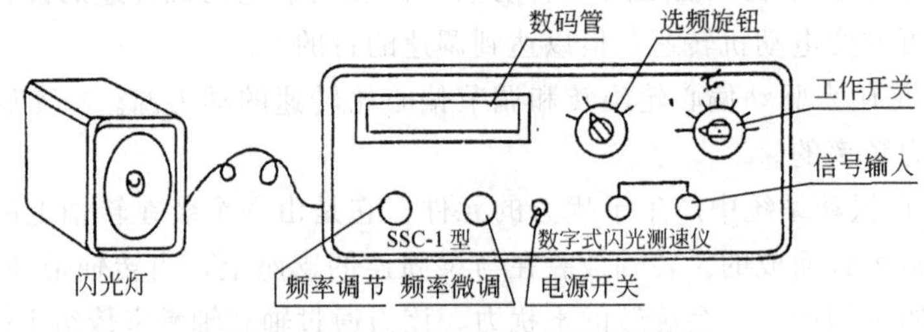

图 5-13　SSC-1 型数字式闪光测速仪

使用闪光测速仪时，首先将闪光灯导线插头插入仪器插座，同时检查接地线是否可靠，检查无误后再将仪器电源接通。然后根据被测系统可能产生的频率（该实验为 20Hz）折算为次数每分钟，把选频旋钮置于适当挡上，工作开关拨到自校Ⅰ位置，开启电源，让仪器预热 5min。当数码管显示“10000”时，再将工作开关拨到自校Ⅱ上，闪光灯开始闪光，如果数字显示为“16”或“17”，说明仪器工作正常。然后将闪光灯对准旋转件的标记线，并将工作开关拨到测速位置，开始扭动选频旋钮，调节闪光频率（先粗调后微调），待标记线出现单定像且基本稳定不动为止，这时数码管显示出来的数字即为旋转件每分钟旋转的转数。应注意：当闪光次数是旋转件转数的 1/2、1/3、1/4 倍时，标记线也会出现单定像，但亮度较弱。为了消除成倍数的单定像，可将闪光频率由高往低调，当第一次出现单定像时，数码管显示的数字即为所测旋转件每分钟旋转的转数。

5.5.3　实验原理

该实验以简支梁为测试对象，内容分两部分进行：第一部分，振幅和频率的测量；第二部分，系统固有频率的测量。现分别介绍如下。

（1）振幅及频率的测量

① 测量原理。关于振幅的测量，是指测量简支梁中点的振动幅值。因为这点振动幅值较大，故在该实验中采用振标法测量，其原理见前文振标的相关介绍。

② 测量方法。按实验装置图及仪器说明，将自耦变压器和闪光测速仪导线接好，并把仪器选频旋钮置于“1.5k”挡上。工作开关拨到自校Ⅰ位置。请教师检查，无误，方可开启电源预热，检查仪器工作是否正常。转动自耦变压器手轮，使变压器输出电压由低到高缓慢地增加，同时观察振标。当振幅达到2mm时，停止增加自耦变压器输出电压，使简支梁保持稳态振动。将闪光灯对准标记盘，利用闪光测速仪测量出偏心轮的转数n_2。将闪光测速仪工作开关拨回自校Ⅰ位置，令闪光灯停止闪光，重新按上述过程，测出振幅为5mm时偏心轮的转数n_5。

（2）简支梁系统固有频率的测量

① 测量原理。对于简支梁系统的固有频率的测量，根据稳态强迫振动频率与干扰力频率相同的特点，结合该系统的强迫力是由转轴带动偏心轮转动产生的具体情况，用闪光测速仪测量系统在共振状态下转轴每分钟旋转的转数即可算出此状态下的干扰力频率。由强迫振动理论可知此频率就是该振动系统的固有频率。

② 测量方法。缓慢地增加自耦变压器输出电压，改变偏心轮转速，待系统处于共振状态（即振幅达到最大值）时停止调速，使系统保持稳定的共振状态。将闪光测速仪工作开关拨到测速挡上调频，当标记盘上的标记线出现单定像时，数码管上显示的数据即为偏心轮每分钟旋转的转数，记下该数据。最后将仪器各旋钮拨到非工作状态，关闭电源、拆下导线方可离去。

5.5.4　实验数据的记录与计算

① 根据测得数据填表5-5，计算出振幅在2mm和5mm时系统的振动频率，用f和ω_0两种形式表示。

② 根据系统在共振状态下测得的数据，计算出系统的固有频率，用f和ω_0两种形式表示系统的固有频率。

表5-5　测量固有频率实验数据记录

项次	转速 N/(r/min)		
	2mm振幅	5mm振幅	最大振幅
1			
2			
3			
平均			

5.6　光弹性演示实验

用光学原理研究弹性力学问题的实验方法称为光弹性法。它使用具有双折射效应的透明材料，严格遵守“相似律”原则制成构件模型。将模型置于白光光源的圆偏振光场中，当给模型加上载荷时，即可看到模型上出现干涉条纹，依照应力-光学定律，颜色相同的条纹表示光程差相等的迹线，也就是主应力等值线，故称为等色线或等差线。由产生的等色线或等差线干涉条纹图形，通过计算就能确定构件模型在载荷作用下的应力状态，可以得到直观的、可靠的、全场的应力分布状态。利用光弹性法，可以研究几何形状和载荷条件都比较复杂的构件的应力分布状态，特别是应力集中的区域和三维内部应力问题。对生物力学、断裂力学、复合材料力学等还可用光弹性法验证其提出的新理论、新假设的合理性和有效性，为发展新理论提供科学依据。

5.6.1 实验目的

① 了解光弹性实验的基本原理和方法，认识透射式光弹性仪各部分的名称和作用，初步掌握光弹性仪的使用方法。

② 观察光弹性模型受力后在偏振光场中的光学效应。

③ 观察模型受力时的条纹图案，识别等差线和等倾线，了解主应力差和条纹值的测量方法。

5.6.2 实验设备和仪器

① 光弹性仪，如图 5-14 所示。

② 试件模型：圆盘、圆环、吊钩、偏心拉伸试件、弯曲梁等。

图 5-14 光弹性仪

5.6.3 实验原理

透射式光弹性仪，一般由光源、一对偏振片、一对 1/4 波片（使偏振光产生 $\lambda/4$ 的光程差的波片）、透镜和屏幕等组成。靠近光源的偏振片称为起偏镜，它将来自光源的自然光变为偏振光；靠近起偏镜的第一个 1/4 波片，将来自起偏镜的平面偏振光变成圆偏振光，模型后面的第二个 1/4 波片，其快轴和慢轴恰好与第一个 1/4 波片的快轴和慢轴正交，使得来自受力模型后的圆偏振光还原为自起偏镜发出的平面偏振光。靠近观察屏幕的偏振片称作检偏镜（又称为分析镜），它将受力模型各方向上的光波合成到偏振方向，以便观察分析。

(1) 明场和暗场

根据光的波动理论，当一束自然光通过偏振镜时，即在偏振轴平面上振动。这种在某一固定平面中振动的光称为平面偏振光。由光源、起偏镜和检偏镜就可组成一个简单的平面偏振光场，如图 5-15 所示。起偏镜和检偏镜均为偏振片，各有一个偏振轴（简称为 P 轴和 A 轴）。如果 P 轴与 A 轴平行，光源发出的光波通过起偏镜产生的偏振光可以全部通过检偏镜，此种情况称平面偏振场的明场。当两个偏振片的偏振轴互相垂直时，光波被检偏镜阻挡，此种情况则称平面偏振场的暗场。

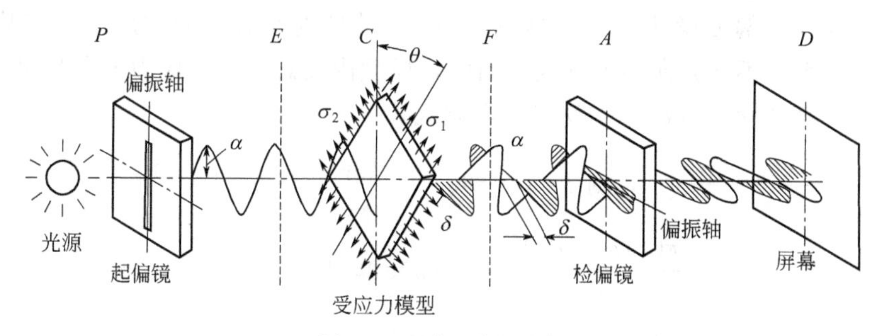

图 5-15　平面偏振光场

（2）应力-光学定律

当由光弹性材料制成的模型放在偏振光场中时，如果模型不受力，光线通过模型后将不发生改变；如果模型受力，将产生暂时双折射现象，即入射的偏振光将沿两个主应力方向分解为两束相互垂直的偏振光，如图 5-16 所示，而且分解后的这两束偏振光射出模型时就产生一个光程差 δ。实验证明，光程差 δ 与主应力差 $(\sigma_1-\sigma_2)$ 和模型厚度 t 成正比，即：

$$\delta=Ct(\sigma_1-\sigma_2) \tag{5-9}$$

式中，C 为材料的光学常数，与材料和光波波长有关。

上式称为应力-光学定律，是光弹性实验的基础。这两束光通过检偏镜后将合成一束在平面内振动，因此产生了光干涉而形成干涉条纹。将条纹投影到屏幕上，即可进行测量。如果用白色光源，观察到的是彩色干涉条纹；如果用单色光源，观察到的是明暗相间干涉条纹。

（3）等倾线和等差线

在平面偏振光场的暗场中，单色平面偏振光通过受力模型产生双折射，在通过检偏镜后发生光干涉现象。根据光的波动理论，按图 5-15 的布置可用下式描述干涉后的光强：

$$I=KA^2\sin^2 2\theta\sin^2\left(\frac{\pi\delta}{\lambda}\right) \tag{5-10}$$

式中，K 为光学常数；A 为平面偏振光的振幅；θ 为偏振轴与主应力方向之间的夹角；λ 为光的波长。

将（5-9）式代入上式得：

$$I=KA^2\sin^2 2\theta\sin^2\left[\frac{\pi Ct(\sigma_1-\sigma_2)}{\lambda}\right] \tag{5-11}$$

从上式可以看出，光强 I 与主应力方向角 θ 及主应力差有关，并且可以看出光强 $I=0$（即消光现象）的可能性有二，分别讨论如下。

① 若 $\sin 2\theta=0$，则 $I=0$。即 $\theta=0°$或 $\theta=90°$。这表明，凡模型上某点的主应力方向与

偏振轴 A 平行（或垂直）时，则出现消光现象，即该点在屏幕上呈暗点。如果有许多点的主应力方向均与偏振轴 A 的方向一致，则将构成一条黑线（暗条纹），此线称为等倾线。在保持 P 轴与 A 轴垂直的情况下，使起偏镜和检偏镜同步旋转，此时可观察到等倾线也在移动，因为每转动一个新的角度，模型内另外一些主应力方向与偏振轴相重合的点便构成与之对应的新等倾线。当偏振镜从 0°同步转动至 90°，模型内所有点的主应力方向均可显现出来，从而得到一系列不同方向的等倾线，因此，模型内任意点的主应力方向都可以测取。一般的记录方法是每转动 10°或 15°描绘一条等倾线。

② 若 $\sin\dfrac{\pi Ct(\sigma_1-\sigma_2)}{\lambda}=0$，则 $I=0$。即：

$$\frac{\pi Ct(\sigma_1-\sigma_2)}{\lambda}=n\pi\ (n=0,\ 1,\ 2,\ \cdots) \tag{5-12}$$

$$\text{或}\quad \sigma_1-\sigma_2=\frac{n\lambda}{Ct}=n\frac{f_\sigma}{t}$$

式中，f_σ 称为材料的条纹值。

上式表明模型上某点的主应力差为$\dfrac{f_\sigma}{t}$的 n 倍（$n=0,1,2,\cdots$）时即消光，此点在屏幕上的像呈暗点。因为物体受力后其应力变化是连续的，故主应力差也一定是连续变化，所以主应力差为$\dfrac{f_\sigma}{t}$的整数倍的各个暗点将构成连续的暗线，此暗线称为等差线。对应于 $n=0$ 的线称为 0 级等差线，$n=1$ 的线称为 1 级等差线……在正交平面偏振光场内，等倾线和等差线是并存的。

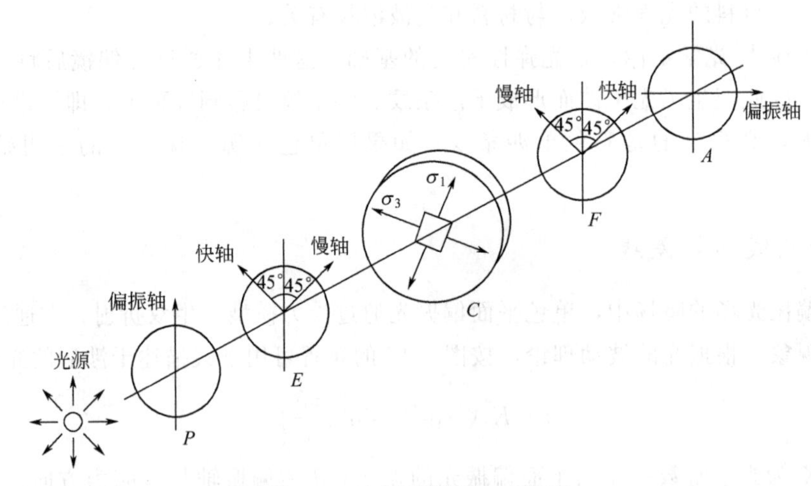

图 5-16　正交圆偏振场（暗场）

为了消除这二种条纹并存现象，在图 5-16 所示的光场中，在 E 和 F 处各加一块 1/4 波片，使它们的快、慢轴分别与偏振轴成 45°角，并且这两块 1/4 波片的快、慢轴相互垂直。这种布置称为正交圆偏振场（暗场）。在 E 和 F 之间的圆偏振场中放入模型后，通过检偏镜后的光强为：

$$I_1=KA^2\sin^2\left[\frac{\pi Ct(\sigma_1-\sigma_2)}{\lambda}\right] \tag{5-13}$$

从上式可以看出光强只与主应力差有关，与主应力方向无关。在正交圆偏振场的布置中使起偏镜和检偏镜的偏振轴平行，则得到平行圆偏振场（明场）。这时光强的表达式仍然与主应力方向无关，只是等差线是半级次的，即 1/2 级、3/2 级、5/2 级等。因此，在圆偏振场中，消除了等倾线，得到只有等差线的条纹图。图 5-17 为对径受压圆盘的等差线照片，上半部是暗场下的整数级等差线，下半部是明场下的半数级等差线。

如图 5-18 所示的对径受压圆盘的等倾线，5°和 10°两条等倾线交边界于 A 和 B 两点，与该两点的边界法线和 x 轴成角度 5°和 10°相符。

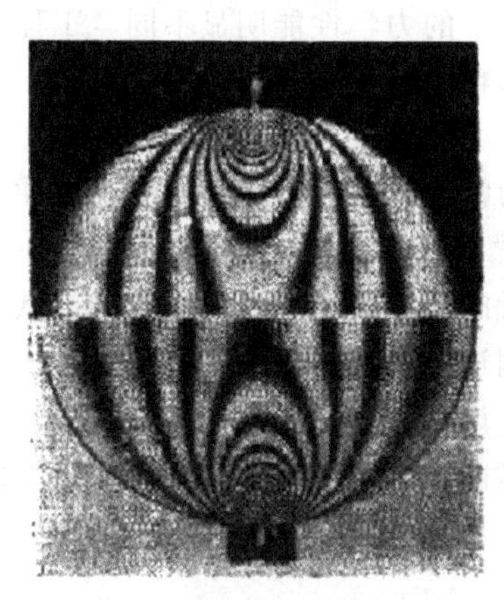

图 5-17　对径受压圆盘的等差线

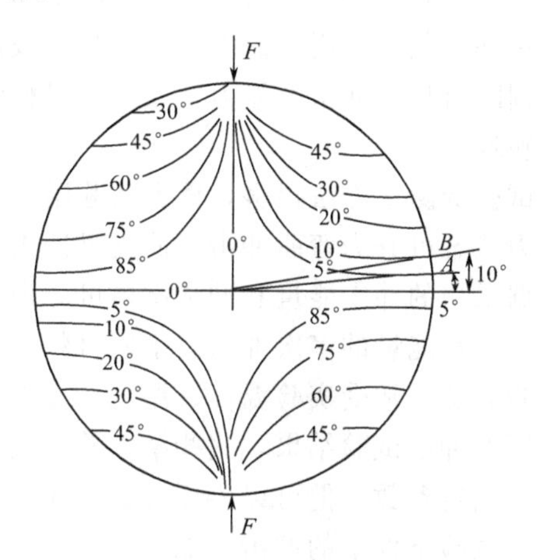

图 5-18　对径受压圆盘的等倾线

5.6.4　实验步骤

① 观察光弹性仪的各组成部分，了解其名称和作用。

② 取下两块 1/4 波片，将两偏振轴正交放置，开启白光光源，然后单独旋转检偏镜，反复观察平面偏振光场光强变化情况，分析各光学元件的位置和作用，并正确地调整出正交和平行两种平面偏振光场。

③ 调整加载杠杆，放入圆盘模型，使之对径受压，逐级加载，观察等差线与等倾线的形成，同步旋转两偏振轴，观察等倾线的变化及特点。

④ 在正交平面偏振光场中，加入两块 1/4 波片，先将一块 1/4 波片放入并转动，使之成为暗场，然后转 45°，再将另一块 1/4 波片放入并转动，使之再成暗场，即得双正交圆偏振光场。在白光光源下，观察等差线条纹图，逐线加载，观察等差线的变化。再单独旋转检偏镜 90°，形成平行圆偏振光场，观察等差线的变化情况。

⑤ 取下白光，放入单色光源，观察等差线条纹。试比较两种光源下，模型中等差线的区别和特点。

⑥ 换上其他模型，重复步骤③～⑤。

⑦ 关闭光源，去掉载荷，取下模型。

5.6.5　实验内容

① 用对径受压圆盘，用平面偏振光场看等倾线，用圆偏振光场看等差线，均为白光光源。

② 用有中心圆孔的拉伸试样，观察孔边应力集中现象。

③ 绘制等差线和等倾线条纹。

5.7 冲击试验

在工程上，很多构件不仅承受静载荷的作用，往往还要承受突然施加的冲击载荷的作用。例如，锻锤和锻模、冲头和冲模、活塞和连杆、铆钉枪等。

材料在冲击载荷作用下的力学性能与静载荷作用下的力学性能明显不同。工程上常用冲击试验来判断材料抗冲击的能力，或评定材料的韧脆程度、检验材料的内部缺陷、研究金属材料的冷脆现象。

冲击试验的测试方法很多，依据实验温度可分为常温冲击、低温冲击和高温冲击。依据试样的受力状态可分为弯曲冲击（简支梁冲击和悬臂梁冲击）、拉伸冲击、扭转冲击和剪切冲击。依据采用的冲击能量和冲击次数可分为大能量的一次冲击（简称一次冲击试验或落锤冲击试验）和小能量的多次冲击。不同材料或不同用途可选择不同的冲击试验方法（同一材料同一实验方法，常受实验温度、湿度、冲击速度、试样的几何形状以及加力方式等影响），将得到不同的冲击试验结果，这些结果并不能进行横向比较。因此，冲击试验得不到表征该材料特性的固定参数，但可以表征该材料在实验方法规定条件下的冲击韧性或比较不同材料在同一冲击试验条件下的冲击性能。

此处仅介绍在室温条件下的一次摆锤弯曲冲击试验。

5.7.1 实验目的

① 测定低碳钢的冲击性能指标：冲击韧性 a_k。

② 测定灰铸铁的冲击性能指标：冲击韧性 a_k。

③ 比较低碳钢与灰铸铁的冲击性能指标和破坏情况。

5.7.2 实验设备和仪器

① 冲击试验机。

② 游标卡尺。

③ 标准冲击试件。

5.7.3 实验试样

金属冲击试验所采用的标准冲击试样为10mm×10mm×55mm并开有2mm或5mm深的U型缺口的冲击试样，如图5-19所示，以及45°张角2mm深的V型缺口冲击试样，如图5-20所示。如不能制成标准试样，则可采用宽度为7.5mm或5mm等小尺寸试样，其他尺寸与相应缺口的标准试样相同，缺口应开在试样的窄面上。冲击试样的底部应光滑，试样的公差、表面粗糙度等加工技术要求参见国家标准。

5.7.4 实验原理

由于冲击载荷作用时间很短，要测定冲击过程中力和变形的关系非常困难，因此采用能

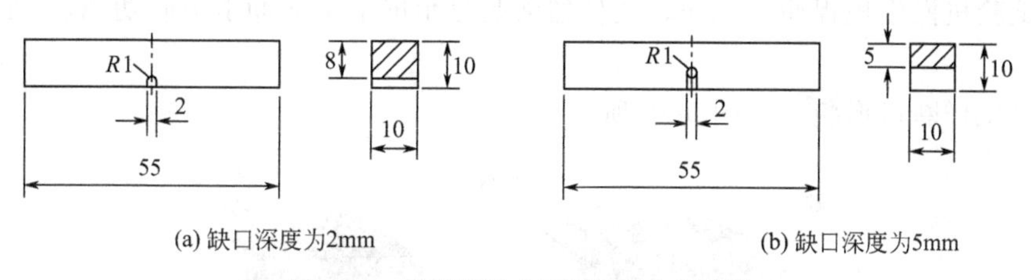

图 5-19　标准夏比 U 型缺口冲击试样

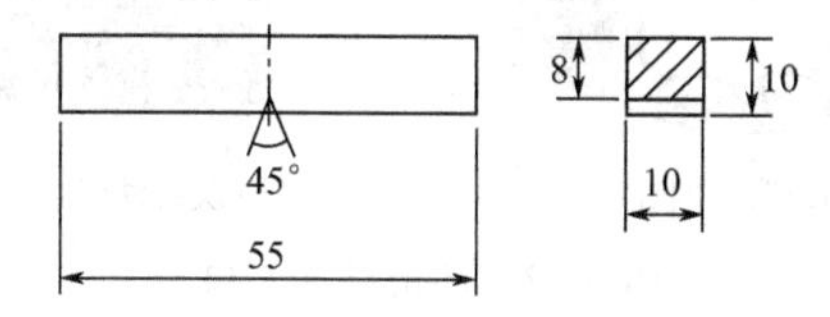

图 5-20　缺口深度为 2mm 的标准夏比 V 型缺口冲击试样

量力法处理。

将试样安装在试验机支座上，把重量为 G 的摆锤扬至一定高度 H，如图 5-21 所示，之后释放，摆锤冲断试样后又升至高度 h，其损失的位能 A_{kv}（或 A_{ku2}、A_{ku5}）$=G(H-h)$可近似地看作是试样变形和断裂吸收的能量（忽略了试样抛出、机座振动和热能等能量损失）称为冲击吸收功。式中，A_{kv}、A_{ku2}、A_{ku5} 分别表示 V 型缺口试样的冲击吸收功和深度分别为 2mm 和 5mm 的 U 型缺口试样的冲击吸收功，单位是 J。

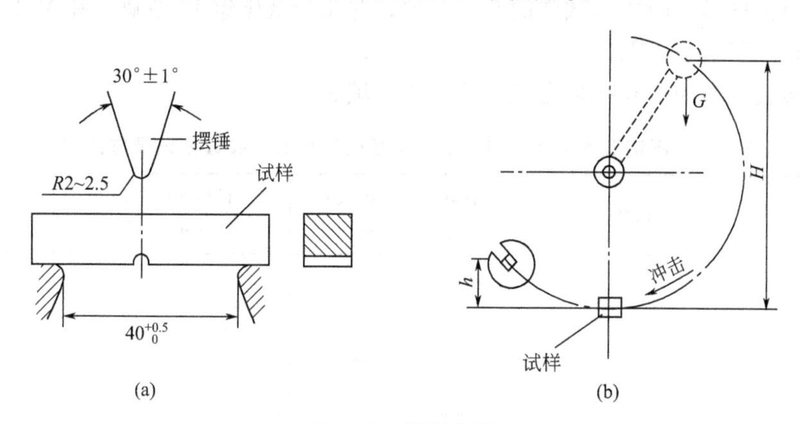

图 5-21　实验原理

冲击吸收功除以缺口处横截面面积，即得冲击韧性。冲击韧性为：

$$a_k=\frac{A_k}{S} \tag{5-14}$$

式中，S 为试样在断口处的横截面面积。

5.7.5　实验步骤

① 了解冲击试验机的操作规程和注意事项。

② 测量试样缺口处横截面尺寸，估算试验机冲击能量范围，选用相应能量等级摆锤。

③ 不安装试样，进行空打试验。摆锤扬至规定高度后落锤空打一次，校准试验机零点。

④ 将摆锤抬起，在有人监护的情况下安放试样，令缺口背对摆锤刀口，并对中放好。

⑤ 按试验机操作规程冲击试样，从仪器液晶显示屏上读取冲击吸收功 A_k，填入实验记录表中。

⑥ 观察试样断口形貌，如图 5-22 所示。

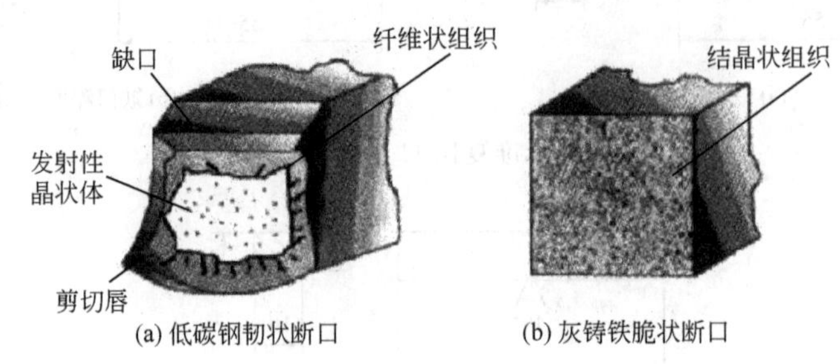

图 5-22　冲击试样断口

⑦ 清理并复原试验机、工具和现场。

注意：摆锤扬起后，身体不得在摆锤转动的平面内，以防止摆锤或飞出的试样伤人。

5.7.6　实验数据的记录与计算

① 根据实验数据计算两种材料、不同缺口试样的冲击韧性 a_k。

② 分析、比较两种材料抗冲击的能力。

③ 画出两种材料不同缺口试样的断口草图，并比较低碳钢 U 型缺口和 V 型缺口试样断口形貌的差异，说明其原因。

④ 根据实验目的和实验结果完成实验报告，填表 5-6。

表 5-6　测定低碳钢和灰铸铁的冲击性能指标的实验数据记录与计算

材　料	试样	试样缺口处的横截面面积 S/mm²	试样所吸收的能量 A_k/J	冲击韧性 a_k/(J/mm²)
低碳钢	1			
	2			
	3			
	平均值			
灰铸铁	1			
	2			
	3			
	平均值			

思考题

(1) 冲击试样为什么要开缺口？什么情况下可以不开缺口？

(2) 冲击韧性的大小与什么因素有关？为什么不能用于定量换算，只能用于材料间的相对比较？

（3）分析、比较铸铁和低碳钢冲击断口组织形貌的差异，并说明低碳钢 U 型缺口和 V 型缺口试样断口形貌的异同。

5.8 剪切试验

5.8.1 实验目的

① 测定低碳钢剪切时的强度性能指标：抗剪强度 τ_b。
② 测定灰铸铁剪切时的强度性能指标：抗剪强度 τ_b。
③ 比较低碳钢和灰铸铁的剪切破坏形式。

5.8.2 实验设备和仪器

① 万能材料试验机。
② 剪切器。
③ 游标卡尺。

5.8.3 实验试样

常用的剪切试样为圆形截面试样。

5.8.4 实验原理

把试样安装在剪切器内，用万能试验机对剪切器的剪切刀刃施加载荷，则试样上有两个横截面受剪，如图 5-23 所示。随着载荷 F 的增加，剪切面上的材料经过弹性、屈服等阶段，最后沿剪切面被剪断。

用万能试验机可以测得试样被剪坏时的最大载荷 F_b，抗剪强度为：

$$\tau_b = \frac{F_b}{2A} \tag{5-15}$$

式中，A 为试样的原始横截面面积。

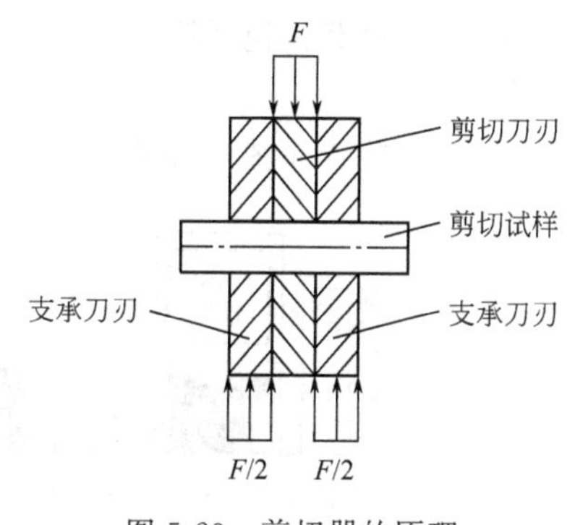

图 5-23　剪切器的原理

从被剪坏的低碳钢试样可以看到，剪断面已不再是圆形，说明试样还受到挤压应力的作用。同时，还可以看出中间一段略有弯曲，表明试样承受的不是单纯的剪切力，这与工程中使用的螺栓、铆钉、销钉、键等连接件的受力情况相同，故所测得的 τ_b 有实用价值。

5.8.5 实验步骤

① 测量试样的直径（与拉伸试验的测量方法相同）。
② 估算试样的最大载荷，选择相应的量程。
③ 将试样装入剪切器中。

④ 把剪切器放到万能试验机的压缩区间内。

⑤ 均匀缓慢加载，直至试样被剪断，读取最大载荷 F_b，取下试样，观察破坏现象。

5.8.6 实验数据的记录与计算

将两种材料剪切试验的数据与计算结果填入表 5-7 中。

表 5-7 测定低碳钢和灰铸铁剪切时的强度性能指标的实验数据记录与计算

材 料	试样直径 d/mm	最大载荷 F_b/kN	抗剪强度 τ_b/MPa ($\tau_b=F_b/2A$)
低碳钢			
灰铸铁			

5.9 简谐振动幅值测量

5.9.1 实验目的

① 了解振动位移、速度、加速度之间的关系。

② 学会用压电传感器测量简谐振动位移、速度、加速度幅值。

5.9.2 实验仪器及装置

① 实验仪器：包括简支梁、传感器、计算机、激振器、DASP 系统（数据采集分析系统）等。

② 实验装置简图：幅值判别法和相位判别法仪器连接图，如 5-24 所示。

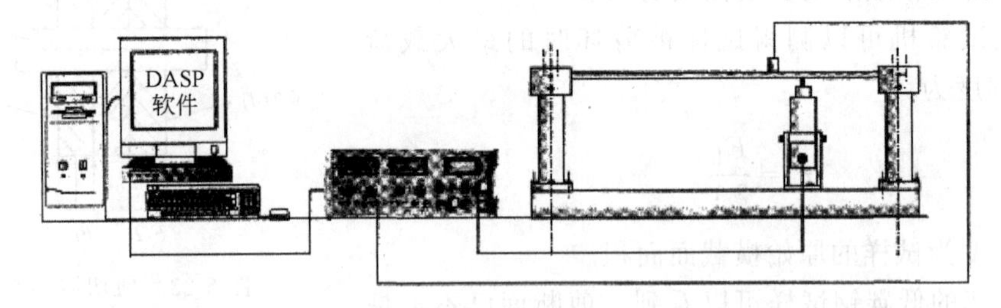

图 5-24 幅值判别法和相位判别法仪器连接图

5.9.3 实验原理

简谐振动方程：

$$f(t)=A\sin(\omega t-\varphi) \tag{5-16}$$

简谐振动信号基本参数包括：频率、幅值和初始相位，幅值的测试主要有三个物理量，即位移、速度和加速度，可采取相应的传感器来测量，也可通过积分和微分来测量。根据简谐振动方程，设振动位移、速度、加速度分别为 x、v、a，其幅值分别为 X、V、A，则有：

$$x=X\sin(\omega t-\varphi)$$
$$v=\dot{x}=\omega X\cos(\omega t-\varphi)=V\cos(\omega t-\varphi)$$
$$a=\ddot{x}=-\omega^2 X\sin(\omega t-\varphi)=A\sin(\omega t-\varphi)$$

式中，ω 为振动角频率；φ 为初相位。

所以可以看出位移、速度和加速度幅值大小的关系是：

$$V=\omega X，A=\omega^2 X，A=\omega V \tag{5-17}$$

振动信号的幅值可以根据位移、速度和加速度的关系，用位移传感器或速度传感器、加速度传感器进行测量，还可采用具有微积分功能的放大器进行测量。

在进行振动测量时，传感器通过换能器把加速度、速度、位移信号转换成电信号，经过放大器放大，然后通过 A/D（模数转换）卡转换成数字信号，采集到的数字信号为电压变量，通过软件在计算机上显示出来。这时读取的数值为电压值，通过标定值进行换算，就可以算出振动量的大小。

DASP 软件“参数设置”中的标定：通过示波调整好仪器的状态（如传感器挡位、放大器增益、是否积分以及程控放大倍数等）后，要在 DASP 参数设置表中输入各通道的工程单位和标定值。传感器灵敏系数为 K_{CH}(pC/U)[(pC/U) 表示每个工程单位输出多少 pC 的电荷。如是力，而且参数表中工程单位设为 N，则此处为 pC/N；如是加速度，而且参数表中工程单位设为 m/s^2，则此处为 $pC/(m/s^2)$]；ZJY-601 型振动教学试验仪输出增益为 K_E；灵敏度适调为 K_{SH} (pC/U)；积分增益为 K_J（ZJY-601 型振动教学试验仪的一次积分和二次积分 $K_J=1$)；仪器标称值为 K_D(mV/U)。

ZJY-601 型振动教学试验仪的标称值：加速度峰值为 $200m/s^2$ 时输出为满量程 5V，则 $K_D=5/200=0.025$ (Vs^2/m)；速度峰值为 200m/s 时输出为满量程 5V，则 $K_D=5/200=0.025$(Vs/m)；位移值为 2000μm 时输出满量程为 5V，则 $K_D=5/2000=0.0025$(V/μm)。则 DASP 参数设置表中的标定值为：

$$K=\frac{K_{CH}K_E K_J}{K_{SH}}K_D\times1000\ (mV/U)$$

如果灵敏度适调对电压输出类型的传感器不起作用，则标定值为：

$$K=K_{CH}K_E K_J K_D\times1000\ (mV/U)$$

5.9.4　实验步骤

① 安装仪器：把激振器安装在支架上，将激振器和支架固定在实验台基座上，并保证激振器顶杆对简支梁有一定的预压力（不要超过激振杆上的红线标识），用专用连接线连接激振器和 ZJY-601 型振动教学试验仪的功率放大输出接口。把带磁座的加速度传感器放在简支梁的中部，输出信号接到 ZJY-601A 型振动教学试验仪的加速度传感器输入端，功能挡位拨到“加速度计”挡。

② 打开 ZJY-601 型振动教学试验仪的电源开关，拨到灵敏度适调，用螺丝刀调节灵敏度适调，输入传感器的灵敏度。

③ 开机进入 DASP2000 标准版软件的主界面，选择“单通道”按钮。进入单通道示波状态进行波形示波。

④ 在采样参数设置菜单下输入标定值 K 和工程单位 m/s^2，设置采样频率为 4000Hz，程控倍数 1 倍。

⑤ 调节 ZJY-601 型振动教学试验仪频率旋钮到 40Hz 左右，使梁产生共振。

⑥ 在示波窗口中按数据列表进入数值统计和峰值列表窗口，读取当前振动的最大值。

⑦ 改变挡位 v（mm/s）、d（μm）进行测试记录。

⑧ 更换速度和电涡流传感器分别测量 a（m/s^2）、v（mm/s）、d（μm）。

5.9.5 实验数据的记录与计算

① 记录实验数据，填表 5-8。

表 5-8 简谐振动实验数据

传感器类型	频率 f/Hz	a 挡	v 挡	d 挡
加速度				
速度				
电涡流位移计				

② 根据实测位移 x，速度 v，加速度 a，按公式计算出另外两个物理量。

5.10 单自由度系统模型参数的测试

5.10.1 实验目的

① 学习建立单自由度系统模型。

② 学会用共振法测定单自由度系统模型的固有频率 f、刚度 k。

③ 学习简支梁等效质量的计算与测试方法。

5.10.2 实验仪器

简支梁、传感器、计算机、激振器、DASP 系统等。实验仪器连接图如图 5-25 所示。

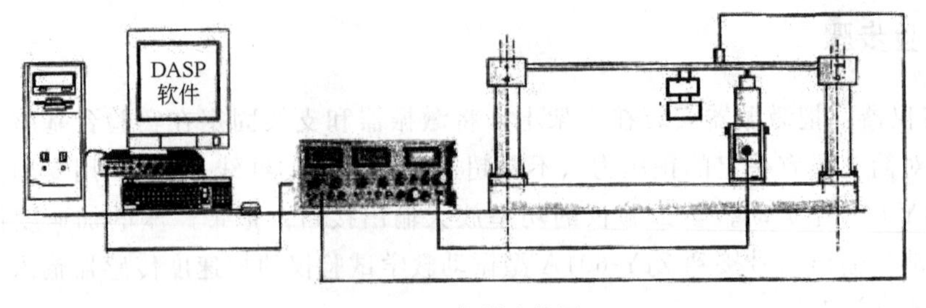

图 5-25 仪器连接图

5.10.3 实验原理

单自由度系统模型如图 5-26。等效刚度为：

$$k=4\pi^2 f^2 m \tag{5-18}$$

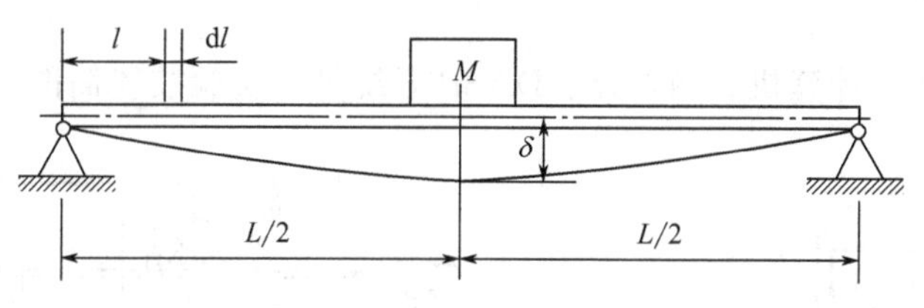

图 5-26 单自由度系统模型

系统的固有频率与集中质量的平方根成反比，该试验通过在梁的中部附加集中质量块，改变系统固有频率，可以绘制出频率与质量的变化曲线。如图 5-27 所示。

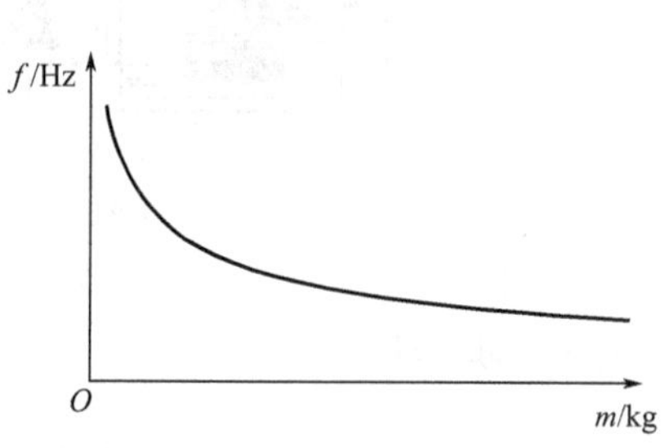

图 5-27 频率与质量的变化曲线

5.10.4 实验步骤

① 参考图 5-25 连接好仪器和传感器。

② 开机进入 DASP2000 标准版软件的主界面，选择“单通道”按钮，进入单通道示波状态进行波形和频谱同时示波。

③ 调节 ZJY-601 型振动教学试验仪的频率和功率放大器旋钮，使梁产生共振，用加速度传感器测量简支梁的振动，经 ZJY-601 型振动教学试验仪放大后，接入采集仪进行示波。

④ 打开“数据列表”按钮从频率计中读取频率值。

⑤ 分别测量没有配重块、加一块配重（1kg）、加两块配重（2kg）时的频率。

5.10.5 实验数据的记录与计算

① 记录测试数据，填入表 5-9 中。

表 5-9 单自由度系统模型参数测定实验数据记录

配重情况	不加配重	加一块配重(1kg)	加两块配重(2kg)
测试的频率/Hz			

② 绘制出频率与质量的变化曲线。

5.11 用双踪示波比较法测量简谐振动的频率

5.11.1 实验目的

① 了解双踪示波比较法测试未知信号频率的原理。

② 学习用双踪示波比较法测量简谐振动的频率。

③ 学习使用 DASP 软件的频率计功能测试简谐振动的频率。

5.11.2 实验仪器

简支梁、传感器、计算机、激振器、DASP系统等。实验装置简图，如图5-28所示。

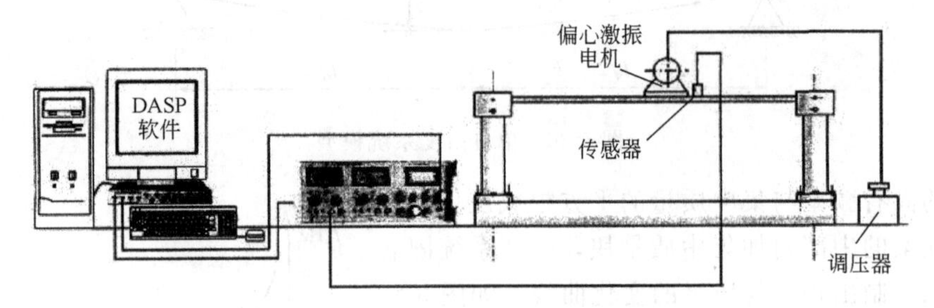

图5-28 振动测试试验台的组成及连接示意图

5.11.3 实验原理

双踪示波比较法采用双踪示波。同时看两个信号波形，其中一通道是已知频率的参考信号，另一通道是待测信号，通过对波形进行比较来确定简谐振动信号的频率。

双通道并行同步示波或采集信号，采用相同的采样频率 F_s，时间分辨率 $\Delta t=\frac{1}{F_s}$ 相同。不同频率的正弦信号反映到波形上就是一个周期内的采样点数 N 不同。信号的频率为：

$$f=\frac{1}{N\Delta t} \tag{5-19}$$

用光标读取已知频率 f_0 和参考信号的一个周期内的点数 N_1，再读取待测信号的频率 N_2，则被测信号频率为：

$$f_0N_1=f_xN_2$$

$$f_x=\frac{N_1}{N_2}f_0$$

根据所测频率可以计算当前电机的转速：

$$n=60f_x \ (\mathrm{r/min})$$

5.11.4 实验步骤

（1）用双踪示波比较法测量简谐振动的频率

① 开机进入DASP2000标准版软件的主界面，选择“双通道”按钮，进入双通道示波状态进行波形示波。

② 安装偏心激振电机。偏心激振电机的电源线接到调压器的输出端，电源线接到调压器的输入端（黄线为地线，图5-28中未示出），一定要小心防止接错，应注意调压器的输入和输出端，防止接反。把偏心激振电机安装在简支梁中部，对简支梁产生一个频率未知的激振力，电机转速（强迫振动频率）可用调压器来改变，把调压器放在“40”挡左右，调好后

在实验的过程中不可改变电机转速。

③ 将 ZJY-601 型振动教学试验仪的信号发生器输出信号波形监视接采集仪的第一通道。将速度传感器布置在激振电机附近，速度传感器测得的信号接 ZJY-601 型振动教学试验仪的第一通道速度传感器输入口，输出信号接采集仪的第二通道。

④ ZJY-601 型振动教学试验仪功能选择旋钮置于速度计的“v(mm/s)”挡，放大增益可在实验中根据波形大小设置。

⑤ 调节 ZJY-601 型振动教学试验仪信号源频率，振动稳定后，点击鼠标左键，停下来读数，把光标移动到第一通道一个波峰处，读取参考幅值。在右窗口中读取最大值所对应的点号 NC 值，记作 N_1'，向右移到相邻的峰值处读取相应的点号 NC 值，记作 N_1''，第一通道正弦信号的一个周期内的点数 $N_1=N_1''-N_1'$。

⑥ 把光标移到第二通道一个峰值处，读取参考幅值。在右窗口中读取最大值所对应的点号 N 值，记作 N_2'，向右移到相邻的峰值处读取相应的点号 N 值，记作 N_2''，第一通道正弦信号的一个周期内的点数 $N_2=N_2''-N_2'$。

⑦ 改变参考信号频率，重复以上步骤，再做两次并记录实验数据。

⑧ 按公式计算简谐振动的频率。

⑨ 改变电机转速重复以上试验步骤。

(2) 用 DASP 软件的频率计功能测试简谐振动的频率

① 仪器安装和设置不变。

② 在波形示波状态，按“峰值列表”按钮，在打开的新窗口中，可以直接读取当前信号的主频率。

5.11.5　实验数据的记录与计算

① 将用双踪示波比较法测量简谐振动的频率，填入表 5-10 中。

表 5-10　简谐振动实验数据

项次	第一通道 $f_0=$　　Hz			第二通道 $f_0=$　　Hz			$f_x=\frac{N_1}{N_2}f_0$
	N_1'	N_1''	N_1	N_2'	N_2''	N_2	
1							
2							
3							
f_x 的平均值							
转速 $n=60f_x$ (r/min)							

② 用 DASP 软件的频率计功能测试简谐振动的频率。

$f_x=$　　　　　　　Hz

$n=60f_x=$　　　　　r/min

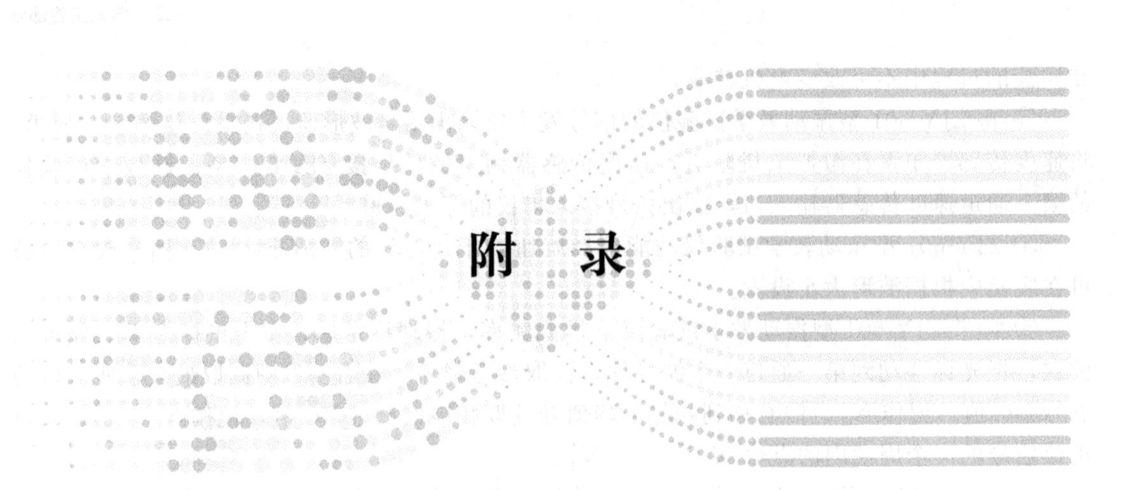

附录1 常用材料的主要力学性能

材料		E /GPa	μ	$\sigma_{p0.2}$ /MPa	σ_b /MPa	δ /%	φ /%
名称	牌号						
普通碳素钢	Q235	210	0.28	215～315	380～470	25～27	
	Q255	210	0.28	205～235	380～470	23～24	
	Q275	210	0.28	255～275	490～600	19～21	
优质碳素钢	20	210	0.30	245	412	25	55
	35	210	0.30	314	529	20	45
	40	210	0.30	333	570	19	45
	45	210	0.30	353	598	16	40
	50	210	0.30	373	630	14	40
	65	210	0.30	412	696	10	30
合金钢	15Mn	210	0.30	245	412	25	55
	16Mn	210	0.30	280	480	19	50
	30Mn	210	0.30	314	539	20	45
	65Mn	210	0.30	412	700	11	34
	30CrMnSiNi2A	210	0.30	1580	1840	12	16
灰铸铁	HT100	120	0.25		100(拉) 500(压)		
	HT200	120	0.25		100(拉) 500(压)		
	HT300	120	0.25		100(拉) 500(压)		
球墨铸铁	QT400-18	120	0.25	250	400	17	
	QT500-7	120	0.25	420	600	2	
可锻铸铁	KTH300-06	120	0.25		300	6	
	KTH450-06	120	0.25	280	450	5	
铝合金	2A12	69	0.33	343	451	17	
	7A04	71	0.33	520	580	11	
	7A09	67	0.33	480	530	14	

附录 2 实验力学常用标准规范

[1] GB/T 228—2010 金属材料　拉伸试验

本标准规定了金属材料拉伸试验方法的原理、定义、符号和说明、试样及其尺寸测量、设备、要求、性能测定、测定结果数值修约和报告。本标准适用于金属材料室温拉伸性能的测定。

[2] GB/T 7314—2017 金属材料　室温压缩试验方法

本标准规定了金属材料室温压缩试验方法的原理、定义、符号和说明、试样及其尺寸测量、设备、要求、性能测定、测定结果数值修约和报告。本标准适用于测定金属材料在室温下单向压缩的规定非比例压缩强度、规定总压缩强度、上压缩屈服强度、下压缩屈服强度、压缩弹性模量及抗压强度。

[3] GB/T 10128—2007 金属材料　室温扭转试验方法

本标准规定了金属室温扭转试验方法的术语、符号、原理、试样、设备、条件、性能测定、测得性能数值的修约和报告。本标准适用于金属材料，在室温下测定其扭转力学性能。

[4] GB/T 229—2020 金属材料　夏比摆锤冲击试验方法

本标准规定了金属材料夏比摆锤冲击试验的试用范围、引用标准、原理、术语及定义、试样、设备及仪器、要求、结果处理及报告。本标准适用于温度在－192～1000℃范围内金属夏比 V 型缺口和 U 型缺口试样的冲击试验。

[5] YB/T 5349—2014 金属材料　弯曲力学性能试验方法

本标准规定了金属弯曲力学性能试验方法的原理、术语、符号、试样、试样尺寸测量、设备、条件、性能测定、测试数值的修约和报告。本标准适用于测定脆性断裂和低塑性断裂的金属材料一项或多项弯曲力学性能。

[6] GB/T 4337—2015 金属材料　疲劳试验　旋转弯曲方法

标准规定了金属材料旋转棒弯曲疲劳试验方法。本标准适用于金属材料在室温和高温空气中试样旋转弯曲的条件下进行的疲劳试验，其他环境（如腐蚀）下的也可参照本标准执行。

[7] GB/T 3075—2021 金属材料　疲劳试验　轴向力控制方法

本标准适用于圆形和矩形横截面试样的轴向力控制疲劳试验，产品构件和其他特殊形状试样的检测不包括在内。

[8] GB/T 15248—2008 金属材料轴向等幅低循环疲劳试验方法

本标准规定了金属材料轴向等幅低循环疲劳试验的设备、试样、程序、结果处理及报告。本标准适用于金属材料等截面和漏斗形试样承受轴向等幅应力或应变的低循环疲劳试验，不包括全尺寸部件、结构件的试验。适用于时间相关的非弹性应变和时间无关的非弹性应变相比较小或与之相当的温度和应变速率。

参考文献

[1] 范钦珊，王杏根，陈巨兵，等. 工程力学实验 [M]. 北京：高等教育出版社，2006.

[2] 长安大学力学实验教学中心. 实验力学 [M]. 2版. 西安：西北工业大学出版社，2006.

[3] 赵志岗. 工程力学实验 [M]. 北京：机械工业出版社，2008.

[4] 计欣华，邓宗白，鲁阳，等. 工程实验力学 [M]. 北京：机械工业出版社，2009.

[5] 张天军，韩江水，屈钧利. 实验力学 [M]. 西安：西北工业大学出版社，2008.

[6] 王彦生. 材料力学实验 [M]. 北京：中国建筑工业出版社，2009.

[7] 王娴明. 建筑结构试验 [M]. 北京：清华大学出版社，2004.

[8] 刘礼华，欧珠光. 结构力学实验 [M]. 2版. 武汉：武汉大学出版社，2006.